Lecture Notes in Mathematics

A collection of informal reports and seminars
Edited by A. Dold, Heidelberg and B. Eckmann, Zürich

Series: Institut de Mathématique, Faculté des Sciences d'Orsay
Adviser: J. P. Kahane

T0220576

336

L'Analyse Harmonique dans le Domaine Complexe

Actes de la Table Ronde Internationale
du Centre National de la Recherche Scientifique
tenue à Montpellier du 11 au 15 septembre 1972

Edité par E. J. Akutowicz
Université de Montpellier, Montpellier/France

Springer-Verlag
Berlin · Heidelberg · New York 1973

AMS Subject Classifications (1970): 32-02

ISBN 3-540-06392-7 Springer-Verlag Berlin · Heidelberg · New York
ISBN 0-387-06392-7 Springer-Verlag New York · Heidelberg · Berlin

Offsetdruck: Julius Beltz, Hemsbach/Bergstr.

INTRODUCTION

Je suis heureux de remercier ici, de la part de tous les participants, le Centre National de la Recherche Scientifique et sa Commission de Mathématiques, d'avoir pris en charge l'organisation d'une Table Ronde Internationale à Montpellier consacrée à l'Analyse Harmonique dans le Domaine Complexe à l'occasion du 100e anniversaire de la Société Mathématique de France. Personnellement, je trouve surprenant le fait que des domaines très spécialisés de la science pure soient si généreusement subventionnés par un organisme si vaste, ayant des responsabilités si multiples, que le C. N. R. S. Nous sommes également redevables à Monsieur DUMONTET, ancien Président de l'Université des Sciences et Techniques du Languedoc (c'est ainsi que s'appelle maintenant l'ancienne Faculté des Sciences de MONTPELLIER), et au Conseil Scientifique de cette Université pour un soutien financier sans lequel notre Table Ronde aurait été beaucoup réduite.

J'exprime toute ma gratitude à Monsieur S. MANDELBROJT, Professeur au Collège de France et membre de notre Institut de Mathématiques à MONTPELLIER, d'avoir accepté la présidence de cette Table Ronde. Ses propres travaux constituent un édifice très imposant par sa taille et aussi par sa finesse de détail. Son rôle d'inspirateur est sans égal. Plusieurs participants sont ses élèves et, comme Monsieur RUDIN l'a si bien dit dans son allocution de clôture, " Nous sommes tous plus ou moins des descendants scientifiques de S. MANDELBROJT ".

Le Colloque du C. N. R. S. tenu à NANCY en 1947 s'intitulait simplement Analyse Harmonique. Cette discipline s'est développée très activement depuis. On voyait déjà dans plusieurs mémoires des Actes de 47 l'entrecroisement de diverses parties de la Mathématique, l'intervention des méthodes algébriques et de la statistique, la généralisation de l'intégrale de Fourier, outil étonnament puissant, et encore aujourd'hui en pleine transformation (!) Il aurait été donc absurde d'essayer d'organiser aujourd'hui un Colloque sur l'Analyse Harmonique tout court ;

il fallait en choisir une partie bien délimitée avec des participants se connaissant déjà un peu, au moins par leurs travaux. L'unité et la cohérence recherchées ne furent pas entièrement atteintes, c'était peut-être inévitable. Toutefois, le lecteur trouvera certainement dans le présent recueil un tas de questions passionnantes à étudier. Il me semble que la Table Ronde a été un succés et le mérite en revient aux conférenciers.

L'avenir de notre Science est imprévisible, mais Elle est loin d'être éteinte.

L'organisateur,

E. J. AKUTOWICZ

TABLE DES MATIERES

LISTE DES AUDITEURS

Mme AIRAULT, PARIS

M. E. AMAR, PARIS

M. N. ANDRIENKO, ORSAY et ODESSA

M. V. CAVALIER, MONTPELLIER

Mme M. DECHAMPS, ORSAY

Melle J. DETRAZ, ORSAY

Melle M. JOUBLIN, PARIS

M. LAVILLE, MAGAGNOSC

M. L.-A. LINDAHL, DJURSHOLM

M. J. PEYRIERE, ORSAY

Mme F. PIQUARD, ORSAY

Melle D. SARROSTE, ORSAY

M. M. SAVOYANT, MONTPELLIER

M. J.A. SIDDIQI, ORSAY et SHERBROOKE

LISTE DES CONFERENCIERS

MM. J.-P. KAHANE, ORSAY

A. BERNARD, GRENOBLE

G. WEISS, SAINT-LOUIS

M. GATESOUPE, NANTES

N. LEBLANC, PARIS

L. RUBEL, URBANA

Y. DOMAR, UPPSALA

C. BERENSTEIN, CAMBRIDGE (USA)

N. ØVRELID, OSLO

H. SKODA, NICE

Mlle G. COULOMB, PARIS

MM. N. KERZMAN, PRINCETON

W. RUDIN, MADISON

J. VAUTHIER, PARIS

S. MANDELBROJT, PARIS

Mme A.-M. CHOLLET, ORSAY

MM. Y. KATZNELSON, JERUSALEM

H. HELSON, BERKELEY et MONTPELLIER

Y. MEYER, ORSAY

N. VAROPOULOS, ORSAY

AVANT-PROPOS

S. MANDELBROJT

Il y a exactement vingt cinq ans, en 1947, j'ai eu l'honneur d'organiser et de présider le premier Colloque International sur l'Analyse Harmonique - le Colloque de Nancy. Il a été, comme la présente Table Ronde, subventionné par le Centre National de la Recherche Scientifique, avec le concours, il est vrai, de la Fondation Rockefeller. Comme maintenant à Montpellier, de nombreux auditeurs ont constamment suivi les conférences et les discussions. Le Colloque de Nancy garde, et gardera, un caractère historique important, ne serait-ce que par les noms des conférenciers et par les idées qui ont alors été lancées et développées. Les différentes branches d'Analyse que nous avons cherché à appronfondir étaient, il est vrai, assez disparates. On avait parfois l'impression qu'on cherchait plutôt à mettre sous une seule dénomination plusieurs découvertes, des idées parfois peu liées entre elles. "Analyse Harmonique" convenait certainement à l'ensemble des faits exposés, mais on avait parfois l'impression qu'on chercherait un nom à donner à un ensemble de recherches qu'on désirait voir exposer, plutôt que de rassembler des découvertes qu'on pouvait exposer sous le vocable d'Analyse Harmonique.

Le colloque de Nancy était prestigieux par les noms des conférenciers, tous restés ou devenus célèbres, ou au moins très connus. Les résultats exposés alors font partie du patrimoine mathématique acquis une fois pour toutes par leur importance et par leur beauté.

Permettez-moi de vous dire, mes chers amis, que ce n'est nullement pour diminuer votre propre valeur par rapport à celle de vos prédécesseurs, par rapport à ceux d'il y a 25 ans, que j'évoque leur contribution à la science qui nous est chère. Ceux-là ne travaillaient pas avec plus d'amour de la recherche que vous-mêmes, ce qui serait tous simplement impossible. Et, je suis certain, que lorsqu'en 1997 je présiderai le Colloque, ou la Table Ronde, de l'Analyse Harmonique, je parlerai aux chercheurs d'alors de vos recherches, de vos découvertes, de l'atmosphère régnant à Montpellier en 1972 avec le même enthousiasme que je m'efforce de vous transmettre en parlant de ce Nancy d'il y a un quart de siècle.

Nous avions à Nancy de mathématiciens qui s'appelaient Carleman, Harold Bohr, Norbert Wiener, Paul Lévy, Julia, Plancherel et tant d'autres grands précurseurs... C'est là que Carleman a parlé, pour la première fois devant un public international, des transformées des couples de fonctions dans les deux demi-plans - les transformées de Fourier-Carleman, comme nous disons aujourd'hui. C'est au Colloque de Nancy que le théorème de Paley-Wiener a pris sa forme définitive et que ce résultat est devenu un des grands instruments d'Analyse. Il est peut-être intéressant d'ailleurs de remarquer que, bien que Wiener fût présent au Colloque, c'est Plancherel qui a exposé la version Plancherel-Polya du théorème, qui est la généralisation du théorème de Paley-Wiener.

C'est aussi du Colloque de Nancy que les distributions de Schwartz, leur transformée de Fourier et leurs topologies sont sorties dans le monde mathématique et se sont si largement et rapidement répandues.

Le père des fonctions presque périodique en personne - Harold Bohr - y a exposé des nouveaux résultats importants concernant cette branche fascinante de l'Analyse Harmonique.

Et, ce n'est pas parce que je présidais la réunion du Nancy, ou parce que je préside celle de Montpellier, que je sois obligé d'oublier que c'est encore à Nancy que j'ai exposé pour la première fois devant un public aussi savant la théorie des "séries adhérentes".

Je ne désire certainement pas couvrir d'un voile le quart de siècle séparant le Colloque de Nancy de la Table Ronde de Montpellier. Aurait-elle seulement pu avoir lieu, la présente réunion, si entre temps des découvertes d'une importance capitale n'avaient pas été réalisées dans l'Analyse Harmonique... Des découvertes faites par "des fils" et "petits-fils" (et "petites-filles") des conférenciers de 1947 à Nancy.

C'est parce que Paul Lévy et Norbert Wiener (et on oublie parfois Carleman, qui a soulevé la même question dans ses leçons à l'Institut Mittag-Leffler en 1935) ont établi qu'une fonction analytique "opère" dans la classe A, c'est-à-dire qu'un fonction analytique d'une fonction dont la série de Fourier converge absolument fournit encore une fonction possèdant la même propriété, que le problème inverse est né : indiquerl'ensemble des fonctions qui opèrent dans A. C'est d'ailleurs à Montpellier en 1958, dans un Colloque presque privé, un peu fermé, qu'on commenca à prévoir sa solution. Le problème fut depuis complètement résolu par un de vous, et ceci beaucoup grâce aux méthodes très fines élaborées par un autre d'entre vous, qui était alors Professeur à la Faculté des Sciences de cette ville, et qui est"l'âme" (ou, si vous préférez, l'une "des âmes") de l'Analyse Harmonique actuelle en France. C'est ainsi, qu'un peu plus tard est née "l'Ecole d'Orsay", car "les âmes", comme vous savez, peuvent "migrer".

Des méthodes encore fortement influencées par celles auxquelles je viens de faire allusion ont permis à un troisième de nos camarades, absent de notre Table Ronde, de résoudre complètement le problème de Synthèse Harmonique, ou du moins, ce problème posé sous sa forme première. Des leçons au Collège de France, délivrées une certaine année, n'ontpas été inutiles pour que les recherches dans cet ordre d'idées puissent être abordées, notamment en France. D'ailleurs le Professeur dont il peut être question ici, n'a-t-il pas publié en collaboration avec un mathématicien israëlien, son élève, dans une revue hongroise, pour célébrer Fejér et Frédéric Riesz, des résultats portant sur la synthèse, lorsqu'elle admet une solution positive ?

Ces problèmes que je viens de citer ont été généralisés de plusieurs manières par leurs auteurs et par les élèves de ces auteurs ; des volumes récents concernant ces recherches sont remplis d'idées profondes et de problèmes encore à résoudre.

Je citerai aussi le problème du "prolongement des propriétés des fonctions d'une variable réelle lorsqu'il s'agit d'indiquer des conditions pour qu'une propriété valable sur une partie d'un segment puisse être "prolongée" au segment entier. Le problème, nous l'avons déjà posé en 1932, et résolu dans plusieurs cas. D'autres solutions (Turan, Wiener, Kahane, Meyer, nous avons d'ailleurs repris le problème récemment) dépendant chacune de la propriété envisagée, ont été données durant ces dernières années.

On parlera tant de nouvelles découvertes dans le domaine qui nous intéresse, en 1997 (dans 25 ans, si vous savez calculer), que vous devez me promettre que je présiderai encore ce Colloque-là !

Je désire terminer cette introduction à la Table Ronde, en remerciant très chaleureusement le Centre National de la Recherche Scientifique, qui a permis, moralement et financièrement, de l'organiser. Je désire aussi remercier E.J. Akutowicz qui a eu l'idée et le courage de l'organiser. Il a pu le faire parce qu'il aime le sujet. Et il aime ce sujet parce qu'il y a tant contribué. Permettez moi, enfin, de remercier l'Université de Montpellier et son Président, grâce auxquels notre séjour et notre travail dans cette ville, je dirais dans ce campus, sont si agréables et seront, j'en suis certain, utiles.

S. Mandelbrojt

Montpellier, Septembre 1972

IDEAUX PRIMAIRES FERMES DANS CERTAINES ALGEBRES DE BANACH DE FONCTIONS ANALYTIQUES

Jean-Pierre KAHANE

Introduction. Dans l'algèbre des fonctions continues sur le disque unité et analytiques sur le disque unité ouvert, la structure des idéaux primaires fermés est bien connue : 1. si $|z_0| < 1$, les idéaux primaires inclus dans l'idéal maximal $I(z_0)$ constitué par les fonctions qui s'annulent en z_0 sont tous fermés ; ils forment une famille à un paramètre entier, $I_n(z_0)$ $(n \in N^+)$, et $I_n(z_0) = (z - z_0)^n I(z_0)$ 2. si $|z_0| = 1$, les idéaux primaires fermés contenus dans $I(z_0)$ forment une famille à un paramètre réel positif $I_\alpha(z_0)$ $(\alpha \geq 0)$, et $I_\alpha(z_0) = \varphi_\alpha I(z_0)$, où $\varphi_\alpha(z) = \exp(-\alpha \frac{1+z}{1-z})$.

D'autres exemples d'idéaux primaires fermés dans des algèbres de Banach de fonctions analytiques ont été introduits par Nyman [N], Korenblyum [Ko], Gurarii [G].

Dans tous les cas, l'extension du résultat 1 est immédiate. Nous nous proposons d'étendre une partie du résultat 2 à certaines algèbres de fonctions analytiques dans le disque unité (par exemple, à l'algèbre des séries de Taylor absolument convergentes) ; en général, on ne pourra pas écrire alors

$I_\alpha(z_0) = \varphi_\alpha I(z_0)$. Pour la commodité, on s'est restreint à des algèbres homogènes (hypothèse H 1 du théorème) ; c'est une hypothèse qu'on peut facilement alléger ; elle est destinée à permettre d'utiliser la méthode de prolongement analytique de Carleman. La condition H 2 du théorème est assez restrictive, et elle n'est utilisée qu'à la dernière étape ; elle ne permet de traiter ni les algèbres de fonctions satisfaisant une condition de Hölder à la frontière, ni les algèbres de séries de Taylor dont les coefficients sont sommables avec un poids tendant vers l'infini.

Notations et énoncés. On désigne par T le cercle $|z| = 1$, par D le disque ouvert $|z| < 1$, et par $\bar{D}$ le disque fermé $|z| \leq 1$. Soit $\mathcal{C}^{(m)}$ (resp. $\mathcal{C}$, resp. $\mathcal{C}^{\infty}$) l'algèbre des fonctions m fois continûment dérivables (resp. continues, resp. indéfiniment dérivables) sur T. Dans toute la suite, $\mathcal{A}$ désigne une algèbre de Banach complexe comprise entre $\mathcal{C}^{(m)}$ et $\mathcal{C}$ (pour un m convenable), les injections de $\mathcal{C}^{(m)}$ dans $\mathcal{A}$ et de $\mathcal{A}$ dans $\mathcal{C}$ étant continues, et $\mathcal{A}^*$ est l'espace des formes linéaires continues sur $\mathcal{A}$. Observons que $\mathcal{A}^*$ est constitué par des distributions d'ordre $\leq m$ sur T, et que c'est un module sur $\mathcal{A}$. On note

$$\sum_{-\infty}^{\infty} \hat{f}(n)\, z^n \qquad (\text{resp.} \quad \sum_{-\infty}^{\infty} \hat{h}(n)\, z^n)$$

la série de Fourier d'une fonction $f \in \mathcal{A}$ (resp. de $h \in \mathcal{A}^*$), et (h,f) le produit scalaire (on convient que $(z^n, z^{-m}) = 0$ pour $m \neq n$ et 1 pour $m = n$).

Soit $\mathcal{A}^+$ la sous-algèbre de $\mathcal{A}$ constituée par des fonctions $f \sim \sum_{0}^{\infty} \hat{f}(n)\, z^n$. Si $f \in \mathcal{A}^+$, on désigne encore par f le prolongement à $\bar{D}$ défini par $f(z) = \sum_{0}^{\infty} \hat{f}(n)\, z^n$ $(|z| < 1)$. Nous ferons des hypothèses sur $\mathcal{A}$ garantissant que l'espace des idéaux maximaux de $\mathcal{A}^+$ soit le disque fermé $\bar{D}$. Soit I_0 l'idéal maximal de $\mathcal{A}^+$ constitué par les fonctions qui s'annulent au point 1. L'objet de notre étude est de classer les idéaux primaires fermés de $\mathcal{A}^+$ contenus dans I_0.

On pose

$$\varphi_\alpha(z) = \exp\left(-\alpha\, \frac{1+z}{1-z}\right) \qquad (\alpha \text{ réel}).$$

En vertu de l'hypothèse $\mathcal{C}^{(m)} \subset \mathcal{A}$, on a $(1-z)^{2m+1}\, \varphi_\alpha \in \mathcal{A}$ pour tout α réel. Pour $\alpha \geq 0$, la fonction $(1-z)^{2m+1}\, \varphi_\alpha(z)$ est analytique dans D et continue à la frontière ; elle appartient donc à $\mathcal{A}^+$. Etant donné $f \in \mathcal{A}^+$, on note $\alpha(f)$ le plus grand α tel que $f(z)\,\varphi_{-\alpha}(z)$ soit bornée dans D ; c'est le "résidu logarithmique" de f au point 1. Etant donné un idéal primaire I contenu dans I_0, on note $\alpha(I)$ la borne inférieure des $\alpha(f)$, $f \in I$.

Théorème. On suppose que 1°) (hypothèse H 1) $\mathcal{A}$ soit une algèbre de Banach homogène sur T, c'est-à-dire que, en posant $f_a(z) = f(z\,a^{-1})$ $(a \in T)$, on ait $\|f_a\| = \|f\|$ pour tout a, et $\lim\limits_{a \to 1} \|f_a - f\| = 0$, pour toute $f \in \mathcal{A}$; 2°) (hypothèse H 2) pour toute $f \in \mathcal{A}$, $\|f\| \leq \sum\limits_{-\infty}^{\infty} |\hat{f}(n)|$. Dans ces conditions, pour chaque $\alpha \geq 0$, il existe un et un seul idéal fermé I contenu dans I_0, tel que $\alpha(I) = \alpha$.

Démonstration. L'idéal fermé engendré par $(1-z)^{2m+1}\,\varphi_\alpha$ satisfait bien $\alpha(I) = \alpha$. Il s'agit de montrer que c'est le seul. La démonstration nécessite quelques étapes.

1ère étape (sommation d'Abel-Poisson). Etant donnée une distribution $\ell \sim \sum\limits_{-\infty}^{\infty} \hat{\ell}(n)\, z^n$ sur T, et $0 < r < 1$, on note

$$\ell_r(z) = \sum_{-\infty}^{\infty} \hat{\ell}(n)\, r^{|n|}\, z^n .$$

Soit $f \in \mathcal{A}$, $h \in \mathcal{A}^*$. En vertu de l'hypothèse H 1, on a

$$f_r \in \mathcal{A}, \quad \|f_r\| \leq \|f\| \quad \text{et} \quad \lim_{r \to 1} \|f_r - f\| = 0$$

([Ka], chap. I) ; il en résulte que l'espace des idéaux maximaux de $\mathcal{A}$ est $\overline{D}$, comme annoncé. D'autre part,

$$(h, f_r) = \sum_{-\infty}^{\infty} \hat{h}(-n)\, \hat{f}(n)\, r^{|n|} = (h_r, f) ;$$

il en résulte que $\|h_r\| \leq \|h\|$ (les normes étant prises dans $\mathcal{A}^*$) et que h_r tend faiblement vers h quand $r \to 1$. Notons que $(h,f) = \lim\limits_{r \to 1} \Sigma\, \hat{h}(-n)\, \hat{f}(n)\, r^{|n|}$.

Il sera commode d'associer à h le couple des fonctions analytiques

$$h^+(z) = \sum_{0}^{\infty} \hat{h}(n)\, z^n \qquad (|z| < 1)$$

$$h^-(z) = \sum_{-\infty}^{-1} \hat{h}(n)\, z^n \qquad (|z| > 1)$$

et d'interpréter $h_r(z)$ comme $h^+(r\,z) + h^-(r^{-1}\,z)$ $\quad (|z| = 1)$. Remarquons que $\hat{h}(n) = O(|n|^m)$ $\quad (|n| \to \infty)$, donc $\quad h^{\pm}(z) = O(||z| - 1|^{-m-1})$ $\quad (|z| \to 1)$.

2ème étape (théorie de Carleman). Elle repose sur le lemme suivant.

Lemme. *Soit $\varphi^+(w)$ et $\varphi^-(w)$ deux fonctions analytiques respectivement dans les demi-plans $\mathrm{Im}\, w > 0$ et $\mathrm{Im}\, w < 0$. Soit U un intervalle ouvert de la droite réelle. On suppose que 1°) pour un $N > 0$ et un $B > 0$ convenables,*

$$|\varphi^+(u + i\,v)| < B\, v^{-N} \quad , \quad |\varphi^-(u - i\,v)| < B\, v^{-N}$$

pour $0 < v < 1$ et $u \in U$; 2°) pour toute $\psi \in \mathcal{D}(U)$ (fonction indéfiniment dérivable à support dans U) les limites

$$\lim_{v \to 0} \int \varphi^+(u + i\,v)\, \psi(u)\, du \quad , \quad \lim_{v \to 0} \int \varphi^-(u - i\,v)\, \psi(u)\, du$$

existent et soient égales. Alors les fonctions $\varphi^+(w)$ et $\varphi^-(w)$ se prolongent analytiquement l'une dans l'autre à travers U.

Preuve. Il résulte du théorème de Banach-Steinhaus et de l'hypothèse 2°) que les applications

$$\psi \to \int \varphi^+(u + i\,v)\, \psi(u)\, du \quad , \quad \psi \to \int \varphi^-(u - i\,v)\, \psi(u)\, du$$

$(0 < v < 1)$ sont bornées dans $\mathcal{D}(U)$. Soit $\Delta \in \mathcal{D}(\mathbb{R})$, telle que $\Delta(u) \geq 0$ sur $[-1,1]$, $\Delta(u) = 0$ hors de $[-1,1]$, et $\int \Delta(u)\, du = 1$, et soit, pour tout $\varepsilon > 0$, $\Delta_\varepsilon(u) = \frac{1}{2}\, \Delta(\varepsilon\, u)$.

Posons

$$\varphi_\varepsilon^{\pm}(u+iv) = \int \varphi^{\pm}(t+iv)\,\Delta_\varepsilon(u-t)\,dt \qquad (\varepsilon > 0).$$

Les fonctions $\varphi_\varepsilon^+(w)$ et $\varphi_\varepsilon^-(w)$ sont analytiques respectivement pour $\operatorname{Im} w > 0$ et $\operatorname{Im} w < 0$. Quand $\varepsilon \to 0$, elles tendent, uniformément sur tout compact, respectivement vers $\varphi^+(w)$ et $\varphi^-(w)$. Si U' est un sous-intervalle de U, et si ε est inférieur à la distance de U' au complémentaire de U, on a d'après l'hypothèse 1°)

$$|\varphi_\varepsilon^+(u+iv)| \leq B\,v^{-N} \quad , \quad |\varphi_\varepsilon^-(u-iv)| \leq B\,v^{-N}$$

pour $0 < v < 1$ et $u \in U'$. De plus, les fonctions $t \to \Delta_\varepsilon(u-t)$ formant un ensemble borné dans $\mathcal{D}(I)$ quand $u \in U'$, les limites $\lim\limits_{v \to 0} \varphi_\varepsilon^+(u+iv)$ et $\lim\limits_{v \to 0} \varphi_\varepsilon^-(u-iv)$ sont uniformes pour $u \in U'$; elles sont égales d'après l'hypothèse 2°). D'après le théorème de Morera, les fonctions $\varphi_\varepsilon^+(w)$ et $\varphi_\varepsilon^-(w)$ se prolongent analytiquement l'une dans l'autre à travers U'. Il résulte maintenant d'un lemme de Carleman ([Ka], p. 180) que $\varphi^+(w)$ et $\varphi^-(w)$ se prolongent analytiquement l'une dans l'autre à travers U', donc aussi à travers U. Le lemme est ainsi démontré.

Soit maintenant I un idéal primaire fermé contenu dans I_0, et $h \in \mathfrak{A}^*$ orthogonale à I. Cela veut dire $\widehat{hf}(0) = 0$ pour toute $f \in I$, donc aussi $\widehat{hf}(-n) = 0$ $(n \geq 0)$. Etant donné $f \in I$, $f \neq 0$, posons

$$g(z) = \sum_1^\infty \widehat{hf}(n)\, z^n \qquad (|z| < 1)$$

et

$$h^*(z) = \frac{g(z)}{f(z)} \qquad (|z| < 1 \ , \ f(z) \neq 0).$$

Si $f_1 \in I$, on a dans $\mathfrak{A}^*$ l'égalité $(hf)f_1 = (hf_1)f$, donc $g(z)f_1(z) = g_1(z)f(z)$ dans D ($g_1(z)$ étant définie à partir de f_1 comme $g(z)$ à partir de f). Ainsi la fonction méromorphe $h^*(z)$ ne dépend pas de f. Comme, pour tout $z \in D$, on peut choisir $f \in I$ tel que $f(z) \neq 0$,

h^* est analytique dans D. Remarquons que $g(z) = O((1-|z|)^{-m-1})$ $(|z| \to 1)$, puisque $g(z) = \widehat{h} f^+ (z)$.

De même, pour tout $z_o \in T$, $z_o \neq 1$, il existe $f \in I$ telle que $f(z_o) \neq 0$. Soit J un intervalle ouvert de T, de centre z_o, tel que $\inf_{z \in J} |f(z)| > 0$. Posons

$$\varphi^+ (w) = h^* (e^{iw}) - h^+ (e^{iw}) \qquad (\text{Im } w > 0)$$

$$\varphi^- (w) = h (e^{iw}) \qquad (\text{Im } w < 0)$$

$$U = \{u \in]0,2\pi[\quad \text{tels que} \quad e^{iu} \in J\}.$$

L'hypothèse 1°) du lemme est satisfaite pour $N = m+1$, en vertu des remarques faites sur la croissance de $h^+(z)$, $h^-(z)$ et $g(z)$ quand $|z| \to 1$. Vérifions l'hypothèse 2°). Soit $\psi \in \mathcal{D}(U)$, et $\ell(e^{iu}) = \psi(u)$ sur $]0,2\pi[$. On a $\ell \in \mathcal{C}^{(m)}$, donc $\ell \in \mathcal{O}\!\iota$. Comme f_r tend vers f dans $\mathcal{O}\!\iota$ quand $r \to 1$ (1ère étape) et que f ne s'annule pas sur le support de ℓ, ℓf_r^{-1} tend vers ℓf^{-1} dans $\mathcal{O}\!\iota$. Or, en posant $r = e^{-v}$,

$$\int_R h^* (e^{i(u+iv)}) \psi(u)\, du = \int_T h^* (rz)\, \ell(z) \frac{dz}{2\pi i z} = \int_T \frac{g(rz)\, \ell(z)}{f(rz)} \frac{dz}{2\pi i z} =$$

$$= ((hf)_r, \ell f_r^{-1}) = ((hf)_r, \ell f^{-1}) + ((hf_r), \ell f_r^{-1} - \ell f^{-1}).$$

Comme $\|(hf)_r\|_{\mathcal{O}\!\iota^*} \leq \|hf\|_{\mathcal{O}\!\iota^*}$ et que $(hf)_r$ tend faiblement vers hf dans $\mathcal{O}\!\iota^*$ (1ère étape), on a finalement

$$\lim_{v \to 0} \int_R h^* (e^{i(u+iv)}) \psi(u)\, du = (hf, \ell f^{-1}) = (h, \ell) = \sum_{-\infty}^{\infty} \hat{h}(n)\, \hat{\ell}(-n).$$

D'autre part $h^+(rz)$ et $h^-(r^{-1} z)$ tendent respectivement vers les distributions $\sum_0^{\infty} \hat{h}(n) z^n$ et $\sum_{-\infty}^{-1} \hat{h}(n) z^n$ quand $r \to 1$, donc

$$\lim_{v \to 0} \int_R h^+ (e^{i(u+iv)}) \psi(u)\, du = \sum_0^{\infty} \hat{h}(n)\, \hat{\ell}(-n)$$

$$\lim_{v \to 0} \int_R h^- (e^{i(u-iv)}) \, \phi (u) \, du = \sum_{-\infty}^{-1} \hat{h} (n) \, \hat{\ell} (-n).$$

L'hypothèse 2°) du lemme est donc satisfaite. Il en résulte que les fonctions $h^* (z) - h^+ (z)$ $(|z| < 1)$ et $h^- (z)$ $(|z| > 1)$ se prolongent analytiquement l'une dans l'autre à travers J. Comme z_o est arbitraire sur $T \setminus \{1\}$, ces deux fonctions se prolongent analytiquement en une fonction entière de $\frac{1}{1 - z}$, que nous noterons $H (z)$.

3ème étape (majoration de $H (z)$, et calcul de $H (z)$ dans le cas $\alpha (I) = 0$). On reprend les notations de la 2ème étape. D'après laformule de Jensen, on a

$$\int_0^{2\pi} \log |f (re^{it})| \, dt > - B > - \infty \qquad \text{pour} \quad 0 < r \leq 1 .$$

Comme $\log |g (re^{it})| = 0 (\log \frac{1}{1 - r})$ quand $r \nearrow 1$, on a

$$\int_0^{2\pi} \log |h^* (re^{it})| \, dt = 0 (\log \frac{1}{1 - r}) \quad \text{quand} \quad r \nearrow 1.$$

Comme

$$\log |h^+ (re^{it})| = 0 (\log \frac{1}{1 - r}) \quad \text{et} \quad \log |h^- (re^{it})| = 0 (\log \frac{1}{r - 1}) ,$$

la fonction $\log |H (z)|$ est intégrable par rapport à la mesure de Lebesgue dans le disque $|z| \leq 2$.

Désignons par $\mathfrak{M}_{\zeta,\epsilon} (F)$ la valeur moyenne d'une fonction F dans un disque de centre ζ et de rayon $\epsilon |1 - \zeta|$. Pour $|\zeta| < 2$, on a

$$\mathfrak{M}_{\zeta,\frac{1}{2}} (\log |H|) \leq \frac{B'}{|1 - \zeta|^2} .$$

Comme $\log |H (\zeta)| \leq \mathfrak{M}_{\zeta,\frac{1}{2}} (\log |H|)$, il s'ensuit que H est une fonction entière d'ordre ≤ 2 en la variable $\frac{1}{1 - z}$.

Soit A un angle $\{z$ tel que $|\arg (1 - z)| \leq \varphi < \frac{\pi}{2}\}$; soit V un voisinage de 1 et $\epsilon > 0$ tels que, pour tout $z \in A \cap V$, le disque de centre z et de rayon $\epsilon |1 - z|$ soit contenu dans D. Ecrivons $f = B \varphi_\alpha f_1$, où B est un produit de Blaschke, $\alpha = \alpha\,(f)$, et f_1 est une fonction analytique dans D sans zéro telle que $\alpha\,(f_1) = 0$. D'après la formule de Jensen, on a

$$\int_0^{2\pi} \log |B\,(re^{it})|\, dt \to 0 \quad \text{quand} \quad r \nearrow 1, \text{ donc } \mathfrak{M}_{\zeta,\varepsilon}\,(\log |B|) = o\,\left(\frac{1}{|1-z|}\right)$$

quand $z \to 1$ dans $A \cap V$ (ce fait, intéressant par lui-même, m'a été communiqué par L. Carleson). D'autre part

$$\log |f_1\,(z)| = o\,\left(\frac{1}{|1-z|}\right) \qquad \text{et} \qquad \big|\log|\varphi_\alpha\,(z)|\big| \leq \frac{\alpha + o\,(1)}{|1-z|} .$$

Donc

$$\log |h^*\,(z)| \leq \mathfrak{M}_{z,\varepsilon}\,(\log |h^*|) \leq \frac{\alpha + o\,(1)}{|1-z|}$$

quand $z \to 1$ dans A. Compte tenu du comportement de $h^+\,(z)$ et de $h^-\,(z)$, il s'ensuit que $H\,(z)$ est de type exponentiel $\leq \alpha$ en la variable $\frac{1}{1-z}$ quand $z \in A$, et que $H\,(z)$ est de type exponentiel nul en $\frac{1}{1-z}$ quand $|z| > 1$.

Si $\alpha\,(I) = 0$, on peut choisir f de façon que $\alpha = \alpha\,(f)$ soit aussi petit qu'on veut. Alors $H\,\left(\frac{w-1}{w+1}\right)$ est une fonction entière d'ordre ≤ 2, qui dans tout angle $|\arg w| \leq \varphi < \frac{\pi}{2}$ et dans le demi plan $\mathcal{R}e\, w < 0$ est de type exponentiel nul. D'après le théorème de Phragmèn-Lindelöf, c'est une fonction entière de type exponentiel nul. Posons

$$H\,(z) = \sum_0^\infty c_k\,(1-z)^{-k} ,$$

et soit $K\,(z)$ la primitive d'ordre $m + 2$ de

$$H\,(z) - \sum_0^{m+2} c_k\,(1-z)^{-k}$$

nulle à l'infini. La fonction $K\,(z)$ est de type exponentiel nul en $w = \frac{1+z}{1-z}$ et, en vertu du fait que $h^-\,(z) = 0\,((|z|-1)^{-m-1})$, elle est bornée pour $|z| \geq 1$ (soit $\mathcal{R}e\, w \leq 0$) ; c'est donc une constante. Ainsi

$$H\,(z) = \sum_0^{m+2} c_k\,(1-z)^{-k} .$$

Compte tenu du comportement de $h^-\,(z)$ au voisinage de 1, on a $c_{m+2} = 0$, donc

$$H\,(z) = \sum_0^{m+1} c_k\,(1-z)^{-k} .$$

4ème étape (conclusion). On utilise ici, pour la première fois, l'hypothèse H 2.

Lemme. Soit toujours I un idéal primaire fermé contenu dans I_o, et soit $f \in I_o$ telle que $(1 - z) f \in I$. Alors $f \in I$.

Preuve. Soit $h \in \mathfrak{a}^*$ orthogonale à I. Alors $(h, z^n (1 - z) f) = 0$ pour tout $n \in N$, c'est-à-dire $\widehat{hf}(-n-1) = \widehat{hf}(-n)$. Posons $a = \widehat{hf}(0) = (h,f)$. On peut écrire $hf = a\,\delta + \ell$, δ étant la masse de Dirac au point 1, et $\ell \sim \sum_1^\infty \hat{\ell}(n) z^n$. Posons

$$\Delta_k (e^{it}) = \sup (0, 1 - \frac{|t|}{k}) \quad \text{pour} \ -\pi \leq t \leq \pi .$$

On sait, ou on vérifie, que $\hat{\Delta}_k(n) \geq 0$ pour tout $n \in Z$, que $\sum_{-\infty}^{\infty} \hat{\Delta}_k(n) = 1$ et que, pour tout polynôme trigonométrique $p = \Sigma\, \hat{p}(n) z^n$ (somme finie) nul au point 1, on a

$$\lim_{k \to 0} \sum_{-\infty}^{\infty} |\widehat{p\,\Delta_k}(n)| = 0 .$$

De l'hypothèse H 2 résulte alors 1°) que $\Delta_k \in \mathfrak{a}$, $\|\Delta_k\| \leq 1$, 2°) en approchant f par des polynômes trigonométriques nuls en 1 (c'est possible d'après H 1) que $\lim_{k \to \infty} \|f\,\Delta_k\| = 0$. Donc $hf\,\Delta_k$ appartient à $\mathfrak{a}^*$ pour tout k, et tend vers 0 dans $\mathfrak{a}^*$ (en norme) quand $k \to \infty$. Or $hf\,\Delta_k = a\,\delta + \ell\,\Delta_k$, donc

$$\widehat{hf\,\Delta_k}(-n) = a + \widehat{\ell\,\Delta_k}(-n) .$$

D'après H 2,

$$|\widehat{hf\,\Delta_k}(-n)| \leq \|hf\,\Delta_k\|_{\mathfrak{a}^*}$$

et

$$|\widehat{\ell\,\Delta_k}(-n)| = |\sum_{m=-\infty}^{\infty} \hat{\ell}(m)\, \hat{\Delta}_k(-n-m)| \leq \|\ell\|_{\mathfrak{a}^*} \sum_{m=0}^{\infty} |\hat{\Delta}_k(-n-m)| .$$

En faisant tendre n et k vers l'infini, on obtient $a = 0$. Donc $f \in I$, C.Q.F.D.

Soit I un idéal fermé contenu dans I_o. Supposons d'abord $\alpha(I) = 0$. D'après la conclusion de la seconde étape, on a $(1 - z)^{m+1} f \in I$ pour tout

$f \in \mathcal{A}^*$. Si $f \in I_0$, une application répétée du lemme donne $(1-z)^m f \in I, \ldots f \in I$. Donc $I_0 \subset I$, c'est-à-dire $I = I_0$.

Dans le cas général, nous allons montrer que I est constitué par toutes les fonctions $f \in I_0$ telles que $\alpha(f) \geq \alpha(I)$. On a évidemment l'implication $f \in I \Rightarrow f \in I_0$ et $\alpha(f) \geq \alpha(I)$. Supposons maintenant $f \in I_0$ et $\alpha(f) \geq \alpha(I) = \alpha$. Comme $\varphi_{-\alpha}(1-z)^{2m+1} \in \mathcal{A}$, on a $f\varphi_{-\alpha}(1-z)^{2m+1} \in I_0$. D'autre part les fonctions $g\varphi_{-\alpha}(1-z)^{2m+1}$ $(g \in I)$ forment un idéal de $\mathcal{A}^+$ dont la fermeture est I_0, d'après l'alinéa qui précède. En multipliant par $\varphi_{+\alpha}(1-z)^{2m+1}$, on voit que $f(1-z)^{4m+2}$ appartient à la fermeture de l'ensemble des $g(1-z)^{4m+2}$ $(g \in I)$. Donc $f(1-z)^{4m+2} \in I$ et une application répétée du lemme donne encore $f \in I$.

Cela termine la démonstration du théorème.

[G] GURARII, V.P. Synthèse spectrale dans l'espace $L^\infty(R^+)$ (en russe). Funkc. Anal. i Prilozen. 3 (1969) (3) 90-91 et (4) 34-48.

[Ka] KATZNELSON, Y. An introduction to harmonic analysis. Wiley, 1968.

[Ko] KORENBLYUM, B.I. Généralisation du théorème taubérien de Wiener et spectre des fonctions rapidement croissantes (en russe). Trudy Mosk. Mat. Obsc. 7 (1958) 121-148.

[N] NYMAN, B. On the one-dimensional translation group and semi-group in certain function spaces, thèse, Uppsala 1950.

Références complémentaires

GILBERT, J.E. et BENNET, C. Homogeneous algebras on the circle. I. Ideals of analytic functions. Annales de l'Institut Fourier 22 (1972), 1-19.

Le théorème principal de cet article est beaucoup plus général que le nôtre. L'article contient une intéressante conjecture sur la structure des idéaux fermés dans les algèbres $\mathcal{A}^+$ satisfaisant à la condition H1 ci-dessus.

GURAÏI, V.P. Sur la factorisation des séries de Taylor et des intégrales de Fourier absolument convergentes (en russe). Zapuski naučnogo seminara LOMI (Leningrad, janvier 1972).

Ce travail concerne la structure finie des idéaux primaires lorsque $\mathcal{A}^+$ est l'algèbre des séries de Taylor absolument convergentes (un résultat analogue vaut pour les intégrales de Fourier). Avec nos notations, le résultat principal est que $\varphi_\alpha I_\alpha(1)$ n'est pas contenu dans $\mathcal{A}^+$. Cela répond à une question posée oralement au colloque de Montpellier.

ALGEBRES NON AUTOADJOINTES DE CHAMPS CONTINUS D'OPERATEURS

Par Alain BERNARD

Un théorème de K. Hoffman et J. Wermer ([1]) affirme en particulier que si A est une algèbre uniforme sur un compact X telle que $\mathrm{Re}\, A = C_{\mathbb{R}}(X)$, alors $A = C(X)$. Le théorème a été étendu aux algèbres de Banach de fonctions ([2]). Nous nous proposons ici de l'étendre à des algèbres à valeurs opérateurs.

Nous utiliserons la terminologie et les notations de J. Dixmier ([3]). X désignera un espace compact et $((\Gamma(x))_{x\in X},\Gamma)$ un champ continu de C*-algèbres sur X. Nous supposerons que chaque $\Gamma(x)$ admet un élément unité I_x et que le champ $I : x \to I_x$, appartient à Γ. Nous nous proposons de montrer le théorème suivant :

THEOREME. _Soit_ A _une sous-algèbre de_ Γ, _fermée pour la convergence uniforme sur_ X _et telle que_ $I\in A$. _Supposons que pour tout_ $x\in X$, $A(x) = \Gamma(x)$ (_où_ $A(x) = \{f(x) \; ; \; f\in A\}$). _Alors si_ $A + A^* = \Gamma$, _on a_ $A = \Gamma$. ($A + A^*$ _désigne l'ensemble des_ $f+g^*$, $f\in A$, $g\in A$)).

Remarque 1. L'hypothèse "$A(x) = \Gamma(x)$" n'est pas superflue, comme le montre l'exemple où Γ est la C*-algèbre des matrices carrées d'ordre 2, et A la sous-algèbre des matrices triangulaires supérieures.

Remarque 2. Nous allons en fait montrer que les hypothèses du théorème entraînent que la C*-algèbre $A\cap A^*$ ($\{f\in A \; ; \; f^*\in A\}$) sépare "bien" les points de X (lemme ci-dessous). Le théorème s'en suit alors par simple application de l'extension aux C*-algèbres du théorème de Stone-Weierstrass ([3], Corollaire 11.5.3).

LEMME. *Soit* A *satisfaisant aux hypothèses du théorème. Alors pour tout couple* (x_1, x_2) *d'éléments distincts de* X, *pour tout* $T_1 \in \Gamma(x_1)$, *pour tout* $T_2 \in \Gamma(x_2)$, *il existe* $f \in A \cap A^*$ *telle que* $f(x_1) = T_1$ et $f(x_2) = T_2$.

La démonstration de ce lemme va se faire en plusieurs étapes, l'idée étant d'arriver à montrer que tout point x_o de X est "pic" pour A, puis pour $A \cap A^*$.

Etape n°1. Soit $x_o \in X$. *Il existe* $M > 0$ *tel que pour tout compact* $K \subset X$ *tel que* $x_o \notin K$, *pour tout* $\varepsilon > 0$, *il existe* $f_1 \in A$ *telle que* :

i) $f_1(x_o) = I_{x_o}$

ii) $\forall x \in X \quad \|f_1(x)\| \leq M$

iii) $\forall k \in K \quad \|f_1(k)\| \leq \varepsilon$.

Démonstration. Nous partons d'un élément u de Γ tel que :

$$u(x_o) = 0 \quad ; \quad u(x) \geq 0 \quad ; \quad \forall x \in X \quad ; \quad u(k) \geq I_k \qquad \forall k \in K.$$

D'après l'hypothèse $A + A^* = \Gamma$, il existe $v \in \Gamma$, hermitien, tel que $u + iv \in A$. Considérons alors l'élément g de A défini par $g = e^{-(u+iv)}$. On a bien sûr $g(x_o) = e^{-iv(x_o)}$ et les propriétés de l'exponentielle d'un opérateur entraînent que $\|g(x)\| \leq 1$, $\forall x \in X$ et $\|g(k)\| \leq e^{-1}$, $\forall k \in K$.

Remarquons maintenant que l'application (continue) $f \to f(x_o)$ de A dans $\Gamma(x_o)$ étant par hypothèse surjective, est ouverte, donc qu'il existe une constante M telle que pour tout $n \in \mathbb{N}$, il existe $g_n \in A$ avec $g_n(x_o) = e^{inv(x_o)}$ et $\|g_n(x)\| \leq M$ pour tout $x \in X$. Considérons alors l'élément f_1 de A défini par $f_1 = g^n \times g_n$: il est évident que pour n assez grand, f_1 fait l'affaire.

Etape n°2. Soit $x_0 \in X$. Pour tout compact $K \subset X$ tel que $x_0 \notin K$, pour tout $\epsilon > 0$, il existe $f_2 \in A$ telle que

i) $f_2(x_0) = I_{x_0}$

ii) $\forall x \in X$, $\|f_2(x)\| \leq 1$

iii) $\forall k \in K$, $\|f_2(k)\| \leq \epsilon$.

Démonstration. Un argument de série classique en algèbre de fonctions (dit argument de Bishop) peut être utilisé textuellement ici pour passer de l'étape 1 à l'étape 2. (Recopier par exemple la page 53 du livre de Gamelin ([4]).

Etape n°3. Soit $x_0 \in X$. Pour tout compact $K \subset X$ tel que $x_0 \notin K$, pour tout $\epsilon > 0$, il existe $f_3 \in A$ telle que

i) $f_3(x_0) = I_{x_0}$

ii) $\forall x \in X$, $\|f_3(x)\| \leq 1$

iii) $\forall k \in K$, $\|f_3(k)\| \leq \epsilon$

iv) $\forall x \in X$, $\left\|\frac{f_3 - f_3^*}{2}\right\| \leq \epsilon$.

Démonstration. Soit P un polynôme en z tel que $P(0) = 0$, $P(1) = 1$ et tel que $|z| \leq 1$ entraîne $|P(z)| \leq 1$ et $|\mathrm{Im}\, P(z)| \leq \epsilon$. On définit alors f_3 par $f_3 = P(f_2)$, où f_2 est la fonction de l'étape 2. Les propriétés de l'action d'un polynôme sur un opérateur (théorème de Von Neumann) permettent de vérifier que f_3 fait l'affaire.

Etape n°4. Soit $x_0 \in X$. Soit $T \in \Gamma(x_0)$, T hermitien. Pour tout compact $K \subset X$ tel que $x_0 \notin K$, pour tout $\epsilon > 0$, il existe $f_4 \in A$ telle que

i) $f_4(x_0) = T$

ii) $\forall x \in X$ $\|f_4(x)\| \leq \|T\| + \epsilon$

iii) $\forall k \in K \quad \|f_4(k)\| \leq \varepsilon$

iv) $\forall x \in X \quad \left\|\frac{f_4(x)-f_4^*(x)}{2}\right\| \leq \varepsilon.$

<u>Démonstration</u>. Soit $g \in A$ telle que $g(x_0) = T$. Définissons

$$K' = \{x \; ; \; \|g(x)\| \geq \|T\| + \varepsilon\}$$

$$\text{et} \quad K'' = \{x \; ; \left\|\frac{g(x)-g^*(x)}{2}\right\| \geq \frac{\varepsilon}{2}\}.$$

Ce sont là deux compacts ne contenant pas x_0. D'après l'étape n°3, il existe $f_3 \in A$ telle que $f_3(x_0) = I_{x_0}$, $\|f_3(x)\| \leq 1$ pour $\forall x \in X$,

$$\|f_3(k)\| \leq \frac{\varepsilon}{2\|g\|} \quad \text{pour} \quad \forall k \in K \cup K' \cup K''$$

$$\text{et enfin} \quad \left\|\frac{f_3(x) - f_3^*(x)}{2}\right\| \leq \frac{\varepsilon}{2\|g\|} \quad \text{pour} \quad \forall x \in X.$$

On vérifie immmédiatement que l'élément f_4 de A défini par $f_4 = \frac{f_3 g + g f_3}{2}$ fait l'affaire.

<u>Etape n°5. Soit</u> $x_0 \in X$. <u>Soit</u> $T \in \Gamma(x_0)$, T <u>hermitien</u>. <u>Pour tout compact</u> $K \subset X$ <u>tel que</u> $x_0 \notin K$, <u>pour tout</u> $\varepsilon > 0$, <u>il existe</u> $f_5 \in A$, <u>hermitien</u> (i.e. $f_5 = f_5^*$) <u>tel que</u> :

i) $\|f_5(x_0) - T\| < \varepsilon$

ii) $\|f_5(x)\| \leq \|T\| + \varepsilon \quad \forall x \in X$

iii) $\|f_5(k)\| \leq \varepsilon \qquad \forall k \in K.$

<u>Démonstration</u>. Notons $\Gamma_i = \{g \in \Gamma \; ; \; g = -g^*\}$. Notons φ l'application de A dans Γ_i définie par $\varphi(f) = \frac{f-f^*}{2}$. D'après l'hypothèse $A + A^* = \Gamma$ cette application est surjective. Mais φ est continue et Γ_h est complet (normes uniformes) donc φ est ouverte, soit :

(1) $\exists C > 0,\ \forall g \in \Gamma_i,\ \exists f \in A$ t.q. $\frac{f-f^*}{2} = g$ et $\|f\| \leq C\|g\|$.

D'après l'étape n°4 il existe $f_4 \in A$ telle que $f_4(x_o) = T$, $\|f_4\| \leq \|T\| + \frac{\varepsilon}{2}$, $\forall k \in K$ $\|f_4(k)\| \leq \frac{\varepsilon}{2}$ et enfin $\forall x \in X$ $\left\|\frac{f_4(x)-f_4^*(x)}{2}\right\| \leq \frac{\varepsilon}{2C}$.

Posons $g = \frac{f_4 - f_4^*}{2}$ et choisissons $f \in A$ d'après la formule (1) ci-dessus. Définissons alors $f_5 \in A$ par $f_5 = f_4 - f$. f_5 est bien sûr hermitien et satisfait aux conditions (i), (ii), (iii) demandées.

Nous sommes maintenant en mesure de conclure la démonstration du lemme : soit (x_1, x_2) un couple de points distincts de X. Soit $T_1 \in \Gamma(x_1)$, soit $T_2 \in \Gamma(x_2)$. De l'étape n°5, on déduit immédiatement qu'il existe, pour chaque $\varepsilon > 0$, un élément $f \in A \cap A^*$ tel que

i) $\|f(x_1) - T_1\| \leq \varepsilon$

ii) $\|f(x_2) - T_2\| \leq \varepsilon$

iii) $\|f\| \leq 4(\|T_1\| + \|T_2\|)$

et un simple argument de série permet alors de faire disparaître ε de (i) et (ii). D'où le lemme, et donc le théorème annoncé.

BIBLIOGRAPHIE

[1] HOFFMAN, K. et WERMER, J. Pacific J. Math. (1962). 941.

[2] BERNARD, A. J. Funct. Anal. (1972). 387.

[3] DIXMIER, J. Les C*-algèbres et leurs représentations. Gauthier-Villars, Paris 1969

[4] GAMELIN, Th. Uniform algebras. Prentice-Hall, Inc. 1969.

WEAK* - DIRICHLET ALGEBRAS INDUCED BY THE ERGODIC HILBERT TRANSFORM

Guido WEISS

Suppose G is a locally compact group, $\mathfrak{M}$ a measure space and R a representation of G acting on $L^p(\mathfrak{M})$, $1 \le p$, such that $\{R_u\}$ and $\{R_u^{-1}\} = \{R_{u^{-1}}\}$ are operators with norms that are bounded independently of $u \in G$. If $k \in L^1(G)$ has compact support, it is clear that

$$(1) \qquad (\hat{k}_R f)(x) = \int_G k(u)\,(R_{u^{-1}} f)(x)\,du$$

defines a bounded operator $\hat{k}_R$ on $L^p(\mathfrak{M})$ (here $f \in L^p(\mathfrak{M})$ and du is the element of, say, left Haar measure on G). Together with R.R. Coifman, we showed that, for G an amenable group, the operator norm of $\hat{k}_R$ does not exceed that of the operator $\varphi \to k * \varphi$ acting on $L^p(G)$. Moreover, similar results hold for weak-type norms and maximal operators obtained from families of such convolution transforms. These results enabled us to "transfer" theorems concerning functions on G to corresponding theorems concerning functions on $\mathfrak{M}$. These theorems, as has just been indicated, concerned themselves with estimating certain operator norms (see [4] or the brief resumé [3]). The purpose of this conference is to present another aspect of this general method : We shall show how some features of the classical complex methods in harmonic analysis can be transferred to some algebras of functions on finite measure spaces $\mathfrak{M}$ on which the real line R acts in a measure-preserving way. More specifically, R will play the role of G and a more general form of (1) will transfer the Hilbert transform to functions on $\mathfrak{M}$ via a representation of R given by an ergodic flow. By making use of these tools we shall construct a function algebra on $\mathfrak{M}$ corresponding to the algebra of bounded analytic functions in the interior of the unit disc in the plane. These results were also obtained in collaboration with R.R. Coifman.

Let $\mathfrak{M}$ be a measure space of total measure 1 and $\{U_t\}$ an <u>ergodic flow</u> on $\mathfrak{M}$. That is, $\{U_t\}$ is a one-parameter group of measure-preserving transformations on $\mathfrak{M}$ such that $f(U_t x)$ defines a measurable function on $R \times \mathfrak{M}$ whenever f is measurable on $\mathfrak{M}$ and, moreover, if for each $t \in R, f(U_t x) = f(x)$ for almost every $x \in \mathfrak{M}$, then $f(x)$ equals a constant almost everywhere. Let $\mathcal{S}$ denote the class of C^∞ functions on R having the property that they, together with all their derivatives, vanish at infinity faster than $|x|^{-n}$, $n = 1, 2, 3, \ldots$. We then denote by $\mathcal{S}_0$ the subcollection of $\varphi \in \mathcal{S}$ such that $\hat{\varphi} \equiv 0$ in a neighborhood of 0. Since $\mathcal{S}$ is preserved under the Fourier transform it follows that $\mathcal{S}_0$ is preserved under the Hilbert transform

$$\tilde{\varphi}(s) = \lim_{\epsilon \to 0+} \frac{1}{\pi} \int_{\epsilon \le |t|} \frac{\varphi(s-t)}{t}\, dt \tag{2}$$

(for $(\tilde{\varphi})^{\wedge}(s) = (-i \operatorname{sgn} s)\, \hat{\varphi}(s)$). It is convenient to redefine the Hilbert transform as the limit of "truncations" that are smoother than the ones occurring in (2). We obtain these in the following way : Let η be an even C^∞ function on R satisfying

(a) $\eta(t) \equiv 0$ for $|t| \ge 2$;

(b) $\eta(t) \equiv 1$ for $|t| \le 1$;

(c) $0 \le \eta(t) \le 1$ for all t.

Put

$$k_n(t) = \frac{1}{\pi t} \{\eta(\tfrac{t}{n}) - \eta(nt)\} .$$

We can then show that

$$\lim_{n \to \infty} \|\tilde{\varphi} - k_n * \varphi\|_1 = 0 . \tag{3}$$

It can also be shown (see Calderón [2]) that if $f \in L^1(\mathfrak{M})$, the two limits

$$\lim_{n \to \infty} \int_{-\infty}^{\infty} k_n(t)\, f(U_t x)dt \quad \text{and} \quad \lim_{\varepsilon \to 0+} \frac{1}{\pi} \int_{\frac{1}{\varepsilon} > |t| > \varepsilon} f(U_t x)\frac{dt}{t}$$

exist and are equal for almost every $x \in \mathfrak{M}$. We denote this limit by $(Hf)(x)$ and call the operator assigning Hf to f the <u>ergodic Hilbert transform</u> induced by the ergodic flow $\{U_t\}$.

Let

$$S_o(\mathfrak{M}) = \{F: F(x) = \int_{-\infty}^{\infty} \varphi(t)f(U_t x)dt, \quad \varphi \in \mathcal{S}_o \quad \text{and} \quad f \in L^{\infty}(\mathfrak{M})\}.$$

Obviously $S_o(\mathfrak{M}) \subset L^{\infty}(\mathfrak{M})$. We can also show that the orthogonal complement of $S_o(\mathfrak{M})$ in $L^2(\mathfrak{M})$ consists of the one dimensional subspace of constant functions. Moreover, a simple calculation shows that if $F(x) = \int_{-\infty}^{\infty} \varphi(t)\, f(U_t x)dt$ belongs to $S_o(\mathfrak{M})$, then

$$(HF)(x) = \int_{-\infty}^{\infty} \tilde{\varphi}(t)f(U_t x)dt \quad . \tag{4}$$

It follows from (4) and the corresponding properties of the classical Hilbert transform that

$$H^* = -H \quad \text{and} \quad H^2 = -I \tag{5}$$

on $L_o^2(\mathfrak{M}) = \{f \in L^2(\mathfrak{M}) : \int_{\mathfrak{M}} f = 0\}$, where H^* is the adjoint of H regarded as an operator on the Hilbert space $L^2(\mathfrak{M})$ and I denotes the identity operator. If χ denotes the characteristic function of $\mathfrak{M}$ and P^o the operator assigning to $f \in L^2(\mathfrak{M})$ the function $(\int_{\mathfrak{M}} f)\chi$ multiplied by χ, then it follows from (5) that

$$P^o, \; P^+ = \frac{1}{2}(I + iH - P^o) \quad \text{and} \quad P^- = \frac{1}{2}(I - iH - P^o)$$

are mutually orthogonal projections on $L^2(\mathfrak{M})$. Let

$$\bar{A} = \{P^- F : F \in S_0(\mathfrak{M})\} \quad .$$

It is easy to characterize $\bar{A}$ in terms of the classical Hardy space $H^1(R)$: a function H belongs to $\bar{A}$ if and only if there exists $h \in L^\infty(\mathfrak{M})$ and a function ξ with $\bar{\xi} \in H^1(R) \cap \mathcal{S}_0$ such that

$$H(x) = \int_{-\infty}^{\infty} \xi(s)h(U_s x)ds \quad . \tag{6}$$

Lastly, we define

$$H^\infty(\mathfrak{M}) = \{f \in L^\infty(\mathfrak{M}) : \int_{\mathfrak{M}} f(x)\overline{F(x)}dx = 0 \quad \text{for all} \quad F \in \bar{A}\} \; .$$

This is the space that corresponds to the class of functions that are bounded and analytic in the interior of the unit disc in the complex plane. More specifically, our main result is that $H^\infty(\mathfrak{M})$ is a <u>weak* - Dirichlet algebra</u>. That is,

<u>Theorem</u>. $H^\infty(\mathfrak{M})$ <u>is a subalgebra of</u> $L^\infty(\mathfrak{M})$ <u>for which the measure</u> dx <u>is multiplicative</u> :

$$\int_{\mathfrak{M}} f(x)g(x)dx = \left(\int_{\mathfrak{M}} f(x)dx\right)\left(\int_{\mathfrak{M}} g(x)dx\right) \quad ;$$

<u>moreover</u>, $H^\infty(\mathfrak{M}) + \overline{H^\infty(\mathfrak{M})}$ <u>is dense in</u> $L^\infty(\mathfrak{M})$ <u>in the weak* topology</u>.(1)

In order to establish this theorem we must first show that $H^\infty(\mathfrak{M})$ is closed under pointwise products. In order to do this we choose φ and Ψ in $H^1(R) \cap \mathcal{S}_0$ and put

$$F(x) = a + \int_{-\infty}^{\infty} \varphi(t)f(U_t x)dt \quad \text{and} \quad G(x) = b + \int_{-\infty}^{\infty} \Psi(r)g(U_r x)dr \quad ,$$

where a and b are constants and $f, g \in L^\infty(\mathfrak{M})$. By standard approximation arguments (which also yield the desired density), we see that it suffices to show that FG is orthogonal to $\bar{A}$. We choose, therefore, a function H having the represen-

(1) This is the topology on $L^\infty(\mathfrak{M})$ induced by $L^1(\mathfrak{M})$, if we regard the former space to be the dual of the latter.

tation (6). For each r and t in R the functions $\varphi_t(s) = \varphi(t+s)$ and $\Psi_r(s) = \Psi(s+r)$ belong to $H^1(R) \cap \mathcal{S}_0$ and, consequently, their product $\varphi_t \Psi_r$ belongs to $H^1(R) \cap \mathcal{S}_0$. It follows that

(7) $$\int_{-\infty}^{\infty} \varphi_t(s)\, \Psi_r(s)\, \overline{\xi(s)}ds = 0 \quad .$$

Since ξ has mean 0, so does H (over the measure space $\mathfrak{M}$). This property and equality (7) then justify the following equalities

$$\int_{\mathfrak{M}} F(x)\, G(x)\, H(x)dx = \int_{\mathfrak{M}} dx \left\{\int_{-\infty}^{\infty}\int_{-\infty}^{\infty}\int_{-\infty}^{\infty} \varphi(t)\Psi(r)\overline{\xi(s)}f(U_t x)g(U_r x)\overline{h(U_s x)}dtdrds\right\}$$

$$= \int_{\mathfrak{M}} \overline{h(x)} \left\{\int_{-\infty}^{\infty}\int_{-\infty}^{\infty}\int_{-\infty}^{\infty} \varphi(t)\Psi(r)\overline{\xi(s)}f(U_{t-s}x)g(U_{r-s}x)dtdrds\right\} dx$$

$$= \int_{\mathfrak{M}} \overline{h(x)} \left\{\int_{-\infty}^{\infty}\int_{-\infty}^{\infty}\left[\int_{-\infty}^{\infty} \varphi_t(s)\Psi_r(s)\overline{\xi(s)}ds\right] f(U_t x)g(U_r x)drdt\right\} dx = 0.$$

The multiplicative property follows from a similar argument using the orthogonality of φ_t and $\overline{\Psi}$:

$$\int_{\mathfrak{M}} F(x)G(x)dx = \int_{\mathfrak{M}} ab\; dx + \int_{\mathfrak{M}} g(x) \left\{\int_{-\infty}^{\infty}\left[\int_{-\infty}^{\infty} \varphi_t(r)\Psi(r)dr\right] f(U_t x)dt\right\} dx$$

$$= ab + 0 = \left(\int_{\mathfrak{M}} F(x)dx\right)\left(\int_{\mathfrak{M}} G(x)dx\right) \quad .$$

Having established that $H^\infty(\mathfrak{M})$ is a weak*-Dirichlet algebra one can then apply the general theory of these structures and obtain a wide variety of results (we refer the reader to the expository article of Srinavasan and Wang [7] if he wishes to see these types of applications). We shall end this discussion by giving some examples of algebras $H^\infty(\mathfrak{M})$ obtainable by our theorem.

When the line $\mathbb{R}$ is allowed to act on the circle T, regarded as the quotient space $\mathbb{R}/\mathbb{Z}$ ($\mathbb{Z}$ denoting the integral multiples of 2π), the ergodic Hilbert transform is the conjugate function operator. As a matter of fact, it is easy to show that

$$\lim_{R \to \infty} \text{p.v.} \frac{1}{\pi} \int_{-R}^{R} f(x-t) \frac{dt}{t} = \text{p.v.} \int_0^1 f(x-t) \cot \pi t \, dt$$

for locally integrable periodic f (of period 1).

The algebras studied by Helson and Lowdenslager [6] are also obtainable by our method. For simplicity let us restrict ourselves to the two-dimensional case. Let $\mathfrak{M}$ be the torus $T^2 = \{(e^{2\pi i\theta_1}, e^{2\pi i\theta_2})\}$.
It is then a well-known (number-theoretic) fact that

$$U_t(e^{2\pi i\theta_1}, e^{2\pi i\theta_2}) = (e^{2\pi i(\theta_1+t)}, e^{2\pi i(\theta_2+\gamma t)}) ,$$

where γ is irrational and $t \in \mathbb{R}$, defines an ergodic flow on T^2. In this case $H^\infty(\mathfrak{M})$ consists of those bounded functions f on T^2 for which

$$\int_0^1 \int_0^1 f(e^{2\pi i\theta_1}, e^{2\pi i\theta_2}) \, e^{-2\pi i(k_1\theta_1 + k_2\theta_2)} d\theta_1 d\theta_2 = 0$$

for $k_1 + \gamma k_2 < 0$. This is precisely one of the algebras Helson and Lowdenslager introduced in terms of the half-plane $\{(x, y) \in \mathbb{R}: x + \gamma y < 0\}$.

It is also not hard to show that the algebras H^∞ of generalized analytic functions (see Gamelin [5]) are particular cases of the algebras we obtained.

Yet another class of examples is furnished by ergodic flows on nilmanifolds. For simplicity let us look at a special case. Consider the group G of all real matrices of the form

(8)
$$u = \begin{pmatrix} 1 & a & c \\ 0 & 1 & b \\ 0 & 0 & 1 \end{pmatrix}$$

and the discrete subgroup D of such matrices having integral entries a, b and c. Then $\mathfrak{M} = G/D$ is an example of a nilmanifold of dimension 3. Consider the one-parameter subgroup of G consisting of the elements of the form

$$\varphi(t) = \exp t \begin{pmatrix} 0 & \alpha & \gamma \\ 0 & 0 & \beta \\ 0 & 0 & 0 \end{pmatrix} = \begin{pmatrix} 1 & \alpha t & \gamma t + \frac{\alpha\beta}{2} t^2 \\ 0 & 1 & \beta t \\ 0 & 0 & 1 \end{pmatrix}$$

with $-\infty < t < \infty$. This one-parameter subgroup induces a one-parameter group of transformations of the points $x \in \mathfrak{M}$ in the following way : if u belongs to the coset x, let $U_t x$ be the coset containing $\varphi(t)u$. $\mathfrak{M}$ can be identified with the points $(a, b, c) \in R^3$ satisfying $0 \leq a, b, c < 1$ since each point $x \in \mathfrak{M}$ is represented by exactly one matrix u having the form (8) with (a, b, c) lying in this unit cube. Lebesgue measure, therefore, furnishes us with a natural measure on $\mathfrak{M}$. It is not hard to show that each of the transformations U_t is measure preserving. A considerably deeper result is the fact that for almost all choices of $(\alpha, \beta, \gamma) \in R^3$ the one-parameter group $\{U_t\}$ is ergodic (see Auslander et al [1]).

BIBLIOGRAPHIE

[1] AUSLANDER, L. et al, Flows on homogeneous spaces, Ann. of Math. Study No. 53, (1963), Princeton Univ. Press, Princeton, N.J.

[2] CALDERÓN, A., Ergodic theory and translation invariant operators, (1968) P.N.A.S., U.S.A. 59, 349-353.

[3] COIFMAN, R.R. and WEISS, Guido, Operators transferred by representations of an amenable group, Proceedings of the 1972 Summer research institute on harmonic analysis, Williamstown, Mass. (to appear).

[4] ____________, Operators Associated with Representations of Amenable Groups, Singular Integrals Induced by Ergodic Flows, the Rotation Method and Multipliers, to appear in Studia Math.

[5] GAMELIN, T., Uniform Algebras (1969) Prentice-Hall, Englewood Cliffs, N.J.

[6] HELSON, H. and LOWDENSLAGER, D., Prediction theory and Fourier series in several variables, (1958) Acta Math. 99, 165-202.

[7] SRINIVASAN, T.P. and WANG, J.K., Weak* Dirichlet algebras, Proc. of Int. Symp. on Function Algebras, Tulane Univ. (1965), Scott, Foresman, Inc. Glenview, 111.

SUR LES SOUS-ALGEBRES FERMEES D'ALGEBRES DE GROUPES ABELIENS COMPACTS QUI SONT DES ALGEBRES DE BEURLING

Michel GATESOUPE

Soit G un groupe abélien compact, $\hat{G}$ le groupe dual, ω une application de $\hat{G}$ dans $[a, +\infty]$ avec $a > 0$ quelconque, vérifiant (en notation additive que nous adoptons pour tout groupe abélien) :

$\omega(0) < +\infty$ et $\omega(\chi_1 + \chi_2) \leq \omega(\chi_1)\,\omega(\chi_2)$ pour tout couple (χ_1, χ_2) de caractères.

Deux poids ω_1 et ω_2 sont dits "équivalents" s'il existe deux constantes $C > 0$, $C' > 0$ telles que pour tout caractère χ, on ait :

$$C\,\omega_1(\chi) \leq \omega_2(\chi) \leq C'\,\omega_1(\chi).$$

On appelle algèbre de Beurling, ou algèbre à poids, l'algèbre de Banach $A(G;\omega)$ des fonctions continues sur G :

$$F(x) = \sum_{\chi \in \hat{G}} a_\chi\, \chi(x)$$

pour lesquelles, avec la convention $a_\chi = 0$ si $\omega(\chi) = +\infty$,

$$\|F\|_{A(G;\omega)} = \sum_{\chi \in \hat{G}} |a_\chi|\, \omega(\chi) ,$$

qui est la norme dans $A(G;\omega)$, est finie.

On pose le problème, généralisant celui des homomorphismes d'algèbres de groupes, d'étudier dans quels cas $A(G;\omega)$ est isomorphe à une sous-algèbre fermée d'une algèbre de groupe $A(G')$ d'un groupe abélien compact G'.

Ce problème à trois paramètres G, G', ω présente des aspects divers dont on donne dans la suite quelques exemples.

I - 1 - Lorsque $G' = G \times H$ est un produit direct de deux groupes compacts G et

H, on peut construire aisément une famille de sous-algèbres fermées de $A(G')$ qui sont des algèbres de Beurling sur l'un des facteurs. Définissons une classe $\Omega(G;H)$ de poids sur $\hat{G}$ en associant à chaque application continue φ de H dans G, le poids ω défini sur $\hat{G}$ par :

$$\omega(\chi) = \|\chi \circ \varphi\|_{A(H)} \quad \text{fini ou infini.}$$

Remarquons que si φ est "irrégulière" il se peut que la fonction continue $\chi \circ \varphi$ n'appartienne à $A(H)$ pour aucun caractère $\chi \neq 0$; $A(G;\omega)$ est alors réduite aux constantes $\mathbb{C}$.

Avec les notations précédentes, on a :

<u>Proposition</u> 1. <u>La sous-algèbre de</u> $A(G \times H)$ <u>des fonctions constantes sur les classes</u> $y - \varphi(x) = c^{te}$, x <u>décrivant</u> H, y <u>décrivant</u> G, <u>est isométriquement isomorphe à l'algèbre de Beurling</u> $A(G;\omega)$.

<u>Démonstration</u> : La sous-algèbre des fonctions de $A(G \times H)$ qui ne dépendent que de $\psi(x, y) = y - \varphi(x)$, est par définition isométriquement isomorphe à l'algèbre de Banach $\Lambda(G)$ des fonctions F continues sur G, telles que $F \circ \psi$ appartienne à $A(G \times H)$ avec la norme $\|F\|_{\Lambda(G)} = \|F \circ \psi\|_{A(G \times H)}$. Lorsque x est fixé, $F(y,\varphi(x))$ est une fonction de $A(G)$ en la variable y. La fonction F est donc elle même une fonction de $A(G)$ et $\Lambda(G)$ est topologiquement contenue dans $A(G)$. Soit

(1) $\quad F(t) = \sum_{\chi \in \hat{G}} a\,\chi(t)$ le développement de Fourier d'une fonction

F de $\Lambda(G)$. Puisque $F \circ \psi$ est une fonction de $A(G \times H)$:

$$(2) \quad F(\psi(x, y)) = \sum_{\chi \in \hat{G}} \sum_{\lambda \in \hat{H}} b_{\chi,\lambda}\chi(y) \cdot \lambda(x)$$

avec $\|F\|_{\Lambda(G)} = \sum_{\chi \in \hat{G}} \sum_{\lambda \in \hat{H}} |b_{\chi,\lambda}| < +\infty$.

Par ailleurs, d'après (1) :

(3) $$F(\psi(x, y)) = \sum_{\chi \in \hat{G}} a_\chi \, \chi(y) \, . \, \overline{\chi(\varphi(x))}$$

L'identification de (2) et (3) montre que :

$$|a_\chi| \, \|\chi \circ \varphi\|_{A(G)} = \sum_{\lambda \in \hat{G}} |b_{\chi,\lambda}|$$

et

$$\|F\|_{\Lambda(G)} = \sum_{\chi \in \hat{G}} |a_\chi| \, \|\chi \circ \varphi\|_{A(H)} < +\infty \ .$$

Ainsi $\Lambda(G)$ est isométriquement contenu dans $A(G;\omega)$.

Réciproquement si F appartient à $A(G;\omega)$, d'après (3) $F \circ \psi$ appartient à $A(G \times H)$ d'où le résultat.

2 - Une application : La propriété de Bochner pour $A(G;\omega)$, lorsque ω appartient à une classe $\Omega(G, H)$ où G et H sont métrisables.

Soit $\mathcal{A}(X)$ une algèbre de Banach pour le produit ponctuel de fonctions continues sur un espace compact X. On dit que $\mathcal{A}(X)$ possède la propriété de Bochner s'il existe une suite croissante de parties finies (X_k) telles que les propriétés suivantes i) et ii) soient équivalentes :

$\|f\|_{\mathcal{A}(X_k)}$ désignant la suite croissante des normes de restrictions de f dans chaque algèbre de restrictions aux parties finies X_k ,

i) f est continue sur X et $\lim_{k \to +\infty} \|f\|_{\mathcal{A}(X_k)} < +\infty$

ii) f appartient à $\mathcal{A}(X)$ et $\|f\|_{\mathcal{A}(X)} = \lim_{k \to +\infty} \|f\|_{\mathcal{A}(X_k)}$.

Remarquons que cette propriété entraîne $\mathcal{A}(X) = \tilde{\mathcal{A}}(X)$ où $\tilde{\mathcal{A}}(x)$ est formé des limites uniformes de suites de fonctions de $\mathcal{A}(X)$ bornées en norme.

Toute algèbre de groupe abélien compact métrisable possède la propriété de Bochner (voir par exemple [7]). Il est facile de vérifier qu'elle se transmet à toute sous-algèbre fermée qui est définie par ses lignes de niveaux. En conséquence, d'après la proposition 1, on a :

Proposition 2. Lorsque ω appartient à une classe $\Omega(G;H)$, G et H étant métrisable, l'algèbre $A(G;\omega)$ possède la propriété de Bochner.

En particulier :

Proposition 3. Les algèbres de Beurling $A(\mathbf{T};\omega)$ possèdent la propriété de Bochner pour les poids

$$\omega(n) = (1 + \log_+|n|)^k \quad k \text{ entier naturel quelconque}$$

$$\omega(n) = (1 + |n|)^\alpha \quad \alpha > 0 \text{ quelconque}.$$

Démonstration : On utilise la proposition 1 avec $G = \mathbf{T}$, $H = \mathbf{T}^k$, k entier convenable et une application convenable φ de $\mathbf{T}^k$ dans $\mathbf{T}$.

a) Choisissons une application φ linéaire par morceaux de $\mathbf{T}^k$ dans $\mathbf{T}$ ($k \geq 1$ entier fixé) telle que de chaque sommet du graphe de φ dans $\mathbf{T}^{k+1}$ partent seulement $k + 1$ arêtes. On sait ([2]) que le poids $\|e^{in\varphi}\|_{A(\mathbf{T}^k)}$ est alors équivalent au poids $(1 + \log_+ |n|)^k$.

b) Lorsque φ est une application suffisamment différentiable de $\mathbf{T}^k$ dans $\mathbf{T}$, dont le Hessien n'est pas identiquement nul, on sait (voir par exemple [2]) que le poids $\|e^{in\varphi}\|_{A(\mathbf{T}^k)}$ est équivalent au poids $(1 + |n|)^{k/2}$.

Par ailleurs un résultat récent de N. LEBLANC, [5], est l'existence pour chaque β, $0 < \beta < \frac{1}{2}$, d'une application θ de $\mathbf{T}$ dans $\mathbf{T}$ telle que le poids $\|e^{in\theta}\|_{A(\mathbf{T})}$ soit équivalent au poids $(1 + |n|)^\beta$. Etant donné $\alpha > 0$ soit k la partie entière de 2α et $\alpha = \beta + \frac{k}{2}$ avec $0 \leq \beta < \frac{1}{2}$. Choisissons une fonction ψ de $\mathbf{T}^k$ dans $\mathbf{T}$ telle que le poids $\|e^{in\psi}\|_{A(\mathbf{T}^k)}$ soit équivalent à $(1+|n|)^{k/2}$. Définissons l'application φ de $\mathbf{T}^{k+1}$ dans $\mathbf{T}$

$$\varphi(x, y) = \theta(x) + \psi(y)$$

où θ est la fonction de LEBLANC associé à β. Le poids $\|e^{in\varphi}\|_{A(T^{k+1})}$ est alors équivalent à $(1 + |n|)^{\alpha}$.

Le problème général reste : Toute algèbre de Beurling possède-t-elle la propriété de Bochner ?

II -

En particularisant le problème posé au début, est-il possible de trouver un groupe G et une sous-algèbre fermée de $A(G)$ qui soit isomorphe à une algèbre de Beurling $A(G;\omega)$, en dehors des cas "triviaux" $A(G;\omega) = A(G)$ et $A(G;\omega) = \mathbb{C}$?

1 - La proposition 1 permet facilement une réponse positive lorsque G est produit direct d'une infinité dénombrable d'exemplaires d'un même groupe compact : on peut alors construire, de façons variées, des sous-algèbres fermées qui sont isomorphes à des algèbres de Beurling $A(G;\omega)$ où ω n'est pas "trivial".

Donnons un exemple de construction dans le cas typique du groupe $\mathbb{D}$ produit d'une infinité dénombrable d'exemplaires du groupe $\mathbb{Z}(2)$ à deux éléments $\{0, 1\}$ muni de l'addition modulo 2. Un élément de D est une suite $x = (x_1, x_2, ..)$ illimitée de 0 et de 1 ; un caractère χ du groupe dual $\hat{\mathbb{D}}$ est une suite $\chi = (\varepsilon_1, \varepsilon_2, ...)$ de 0 et de 1 n'ayant qu'un nombre fini de 1, avec

$$\chi(x) = (-1)^{\sum_{j=1}^{+\infty} \varepsilon_j x_j} .$$

Soit α l'application de $\mathbb{Z}(2) \times \mathbb{Z}(2)$ dans $\mathbb{Z}(2)$ prenant la valeur 0 en les trois points de $\mathbb{Z}(2) \times \mathbb{Z}(2)$ autre que $(0, 0)$ et $\alpha(0, 0) = +1$. Un calcul facile montre que la norme de la fonction $(-1)^{\alpha}$ dans $A(\mathbb{Z}(2) \times \mathbb{Z}(2))$ est égale à 2.

On définit alors une application continue φ de $\mathbb{D}$ dans lui-même par :

$$\varphi_j(x) = \alpha(x_{2j-1}, x_{2j}) \qquad j = 1, 2, \ldots$$

Ainsi

$$\|\chi \circ \varphi\|_{A(\mathbb{D})} = \prod_{j=1}^{+\infty} \| (-1)^{\varphi_j \epsilon_j} \|_{A(\mathbb{Z}(2) \times \mathbb{Z}(2))} = 2^{\sum_{j=1}^{+\infty} \epsilon_j} = 2^{|\chi|}$$

en désignant par $|\chi| = \sum_{j=1}^{+\infty} \epsilon_j$ la "longueur" du caractère χ .

Compte tenu de ce calcul et de l'isomorphisme entre $A(\mathbb{D} \times \mathbb{D})$ et $A(\mathbb{D})$ correspondant par exemple à l'isomorphisme entre $\mathbb{D} \times \mathbb{D}$ et $\mathbb{D}$

$$((x_1,x_2,\ldots), (y_1,y_2,\ldots)) \longleftrightarrow (x_1,y_1,x_2,y_2,\ldots) \quad , \text{ on a}$$

Proposition 4. L'algèbre à poids $A(\mathbb{D};\omega)$ avec $\omega(\chi) = 2^{|\chi|}$, est isomorphe à une sous-algèbre fermée de $A(\mathbb{D})$.

La méthode de N. VAROPOULOS permet alors de montrer :

Proposition 5. Tout groupe abélien localement compact non discret G, contient un compact E tel que l'algèbre de restrictions $A(E)$ ait une sous algèbre fermée isomorphe à l'algèbre de Beurling $A(\mathbb{D};\omega)$ avec $\omega(\chi) = 2^{|\chi|}$.

En effet il existe dans G un compact E tel que $A(E)$ est isomorphe à l'algèbre tensorielle $V(\mathbb{D}) = C(\mathbb{D}) \hat{\otimes} C(\mathbb{D})$. $V(\mathbb{D})$ contient une sous-algèbre fermée isomorphe à $A(\mathbb{D})$ ce qui assure le résultat grâce à la proposition 4.

2 - La situation semble très différente lorsque G n'est pas ainsi décomposable, par exemple $G = \mathbb{T}$. Dans ce dernier cas on peut faire la conjoncture, généralisant le théorème de Beurling et Helson, qu'aucune sous-algèbre fermée de $A(\mathbb{T})$ n'est isomorphe à une algèbre de Beurling $A(\mathbb{T};\omega)$ en dehors des cas évidents $A(G;\omega) = A(G)$ et $A(\mathbb{T};\omega) = \mathbb{C}$. Voici un résultat partiel :

Proposition 6. Soit B une sous-algèbre fermée de $A(\mathbb{T})$ isomorphe d'une algèbre de Beurling $A(\mathbb{T};\omega)$ de spectre $\mathbb{T}$ et telle que $\limsup\limits_{n\to+\infty} \frac{\omega(2n)}{\omega(n)} < +\infty$. Soit f l'application de $\mathbb{T}$ sur $\mathbb{T}$ associée à l'isomorphisme. Si f a une dérivée appartenant à $L^2(\mathbb{T})$, alors $f(x) = Nx + C$, en identifiant $\mathbb{T}$ à $\mathbb{R}/2\pi\mathbb{Z}$.

Démonstration : Par abus de notation désignons encore par f l'application de $\mathbb{R}$ dans $\mathbb{R}$, e^{if} étant 2π-périodique, à laquelle correspond l'homomorphisme injectif d'image fermée de $A(\mathbb{T};\omega)$ dans $A(\mathbb{T})$:

$$\sum_{p\in\mathbb{Z}} a_p e^{ipt} \longrightarrow \sum_{p\in\mathbb{Z}} a_p e^{ipf(x)} .$$

Par hypothèse il existe donc deux constantes $C > 0$, $C' > 0$ telles que :

$$(1)\quad C \sum_{p\in\mathbb{Z}} |a_p|\omega(p) \leq \Big\| \sum_{p\in\mathbb{Z}} a_p e^{ipf} \Big\|_{A(\mathbb{T})} \leq C' \sum_{p\in\mathbb{Z}} |a_p|\omega(p)$$

ce qui entraîne que le poids $\omega(p)$ est équivalent au poids $\|e^{ipf}\|_{A(\mathbb{T})}$. Soit F une fonction de $A(\mathbb{T};\omega)$ à valeurs réelles, de classe C^2, non linéaire. On sait [4], que l'hypothèse faite sur ω, entraîne l'existence d'une constante $C_1 > 0$ telle que pour tout entier n :

$$(2)\qquad \|e^{inF}\|_{A(T;\omega)} \geq C_1 |n|^{1/2}\, \omega(n).$$

Par ailleurs $F \circ f$ ayant une dérivée appartenant à $L^2(\mathbb{T})$ on sait qu'il existe une constante $C_2 > 0$ telle que pour tout entier n :

$$(3)\qquad \|e^{inF\circ f}\|_{A(\mathbb{T})} \leq 1 + C_2 |n|^{1/2} .$$

L'inégalité (1) appliquée à la fonction e^{inF}, impose avec (2) et (3) que $\omega(n)$ soit bornée ce qui d'après le théorème de Beurling et Helson entraîne le résultat.

III -

Revenons au cas d'une algèbre de groupe produit $A(G \times H)$. La construction de la proposition.1 donne une famille de sous-algèbres fermées isomorphes à des algèbres de Beurling $A(G;\omega)$. Est-ce la seule façon d'en obtenir ?

Il est raisonnable d'en faire la conjoncture dans le cas du groupe $\mathbf{T}^2$, comme le suggère le résultat suivant :

Proposition 7. Soit B une sous-algèbre fermée de $A(\mathbf{T}^2)$ isomorphe à une algèbre de Beurling $A(\mathbf{T};\omega)$ de spectre $\mathbf{T}$. Soit f l'application de $\mathbf{T}^2$ sur $\mathbf{T}$ correspondant à cet isomorphisme. Si f est de classe C^2, il existe une application φ de $\mathbf{T}$ dans $\mathbf{T}$ telle que $f(x, y) = cx + dy - (ax + by)$ où a, b, c, d sont entiers et $ad - bc \neq 0$ ($\mathbf{T}$ étant identifié à $\mathbb{R}/2\pi\mathbf{Z}$).

Démonstration : $\mathbf{T}^2$ étant identifié à $\mathbb{R}/2\pi\mathbf{Z} \times \mathbb{R}/2\pi\mathbf{Z}$ désignons encore, par abus de notation, par f l'application de classe C^2 de $\mathbb{R}^2$ dans $\mathbb{R}$, e^{if} étant 2π-périodique en chaque variable à laquelle correspond l'homomorphisme injectif d'image fermée de $A(\mathbf{T};\omega)$ dans $A(\mathbf{T}^2)$:

$$\sum_{p \in \mathbf{Z}} a_p e^{ipt} \longmapsto \sum_{p \in \mathbf{Z}} a_p e^{ipf(x, y)} .$$

Par hypothèse il existe deux constantes $C > 0$, $C' > 0$ telles que

$$(1) \qquad C \sum_{p \in \mathbf{Z}} |a_p| \omega(p) < \| \sum_{p \in \mathbf{Z}} a_p e^{ipf(x, y)} \|_{A(\mathbf{T}^2)} < C' \sum_{p \in \mathbf{Z}} |a_p| \, \omega(p) .$$

Le poids $\omega(p)$ est ainsi équivalent au poids $\|e^{ipf}\|_{A(\mathbf{T}^2)}$.

Supposons d'abord que le Hessien de f, $\frac{\partial^2 f}{\partial x^2} \frac{\partial^2 f}{\partial y^2} - (\frac{\partial^2 f}{\partial x \, \partial y})^2$, ne soit pas identiquement nul ; on sait (voir par exemple [2]) que le poids $\|e^{ipf}\|_{A(T^2)}$ est alors équivalent au poids $1 + |p|$.

Soit F une fonction de $A(\mathbf{T};\omega)$ à valeurs réelles de classe C^2 non linéaire ; on sait qu'il existe des constantes $C_1 > 0$ $C_2 > 0$ telles que pour tout entier n

$$\|e^{inF}\|_{A(\mathbb{T};\omega)} \geq C_1 |n|^{1/2}\, \omega(n)$$

et

$$\|e^{inF} \circ f\|_{A(\mathbb{T}^2)} \leq 1 + C_2\, |n| \quad .$$

Ces comportements contredisent l'inégalité (1) appliquée à la fonction e^{inF} :

$$C\, \|e^{inF}\|_{A(\mathbb{T};\omega)} \;\leq\; \|e^{inF} \circ f\|_{A(\mathbb{T}^2)} \quad .$$

C'est donc que le Hessien de f est identiquement nul.

Considérons la surface (S) de $\mathbb{R}^3$ d'équation $z = f(x, y)$, sa courbure totale qui est le Hessien de f, est identiquement nulle. (S) est donc développable. Un théorème de géométrie différentielle, [3], assure que la surface fermée (S) est un cylindre. On utilisera ici une méthode directe indispensable pour le résultat complet en vue, dans laquelle on utilise seulement le fait que (S) est engendrée par une famille continue de droites (génératrices) ainsi que la périodicité de e^{if}.

1er CAS : Supposons qu'il existe une génératrice D dont la projection sur le plan $x\,O\,y$ ait une pente irrationnelle par rapport au système d'axes orthonormés (Ox, Oy).

Alors Δ a un enroulement dense dans le tore $\mathbb{T}^2$ identifié comme il a été dit à $\mathbb{R}/2\pi\mathbb{Z} \times \mathbb{R}/2\pi\mathbb{Z}$. Pour connaître une fonction continue sur $\mathbb{T}^2$ il suffit de la connaître sur Δ. Soit $z = ax + by + c$ l'équation d'un plan quelconque passant par D. Ainsi la fonction f coïncide en tant que fonction continue définie sur $\mathbb{T}^2$, avec la fonction $ax + by + c$. La périodicité de $e^{i(ax+by+c)}$ impose à a et b d'être entiers.

Dans ce cas on a donc $\|e^{inf}\|_{A(\mathbb{T}^2)} = 1$ et la sous-algèbre B est l'ensemble des fonctions de la forme $F(ax + by)$ où F décrit $A(\mathbb{T})$.

2ème CAS : Chaque génératrice a une projection de pente rationnelle qui est alors la même pour toutes les projections, par continuité de cette pente. Sur la projection Δ d'une génératrice D, on peut choisir deux points (x_1, y_1) et (x_2, y_2) représentant le même point de T^2. Il existe alors un entier k tel que $f(x_1, y_1) - f(x_2, y_2) = 2 k \pi$. Ceci entraîne que la pente de D par rapport au plan x 0 y ne peut prendre qu'une infinité dénombrable de valeurs, elle est donc la même pour toutes les génératrices qui sont donc parallèles entre elles.

Choisissons dans le plan x 0 y , un second système d'axes de coordonnées (OX, OY) non orthonormées, avec

$X = ax + by$, $Y = cx + dy$ tels que a, b, c, d soient entiers, $ad - bc = 1$ et que les projections sur le plan x 0 y des génératrices soient parallèles à l'axe OY.

Deux cas sont à distinguer :

1 - Les génératrices ne sont pas parallèles au plan x 0 y.

Les sections de (S) par les plans parallèles à ce dernier, se déduisent de l'une d'elles par les translations parallèles à la direction des génératrices et les projections de ces sections se déduisent de l'une d'elles, (γ), par les translations parallèles à l'axe OY.

Chaque parallèle à cet axe coupe (γ) en un point unique compte-tenu de la définition des sections et du fait que (S) est un graphe. L'équation d'une projection (γ) est alors dans le système de coordonnées (X, Y) : $Y = \varphi(X)$ où φ est une application de $\mathbb{R}$ dans lui-même et l'équation de la projection d'une section quelconque est $Y - \varphi(X) = C^{te}$. En revenant au système de coordonnées (x, y) on voit que :

$$f(x, y) = cx + dy - \varphi(ax + by)$$

φ est de classe C^2, de plus la périodicité de e^{if}, compte-tenu des propriétés de a, b, c, d, entraîne que $e^{i\varphi}$ est 2π-périodique. L'application $(x, y) \rightsquigarrow$

$(X = ax + by,\ Y = cx + dy)$ induit un automorphisme de $A(\mathbb{T}^2)$ et par ailleurs le poids $\|e^{in\varphi}\|_{A(\mathbb{T})}$ est équivalent, si φ n'est pas linéaire, au poids $(1+|n|)^{1/2}$, en conséquence la sous-algèbre B est isomorphe à l'algèbre à poids $A(\mathbb{T};(1+|n|)^{1/2}$ d'après la proposition 1.

2 - Reste le cas où les génératrices de (S) sont parallèles au plan x O y.

Il existe alors une application ψ de classe C^2, de $\mathbb{R}$ dans lui-même, telle que l'équation de (S) soit $z = \psi(X) = \psi(ax + by)$.

Ainsi $f(x, y) = \psi(ax + by)$ et comme dans le cas précédent $e^{i\psi}$ est 2π-périodique. L'automorphisme de $A(\mathbb{T}^2)$, induit par l'application $(x, y) \rightsquigarrow (X = ax + by,\ Y = cx + dy)$, transforme la sous-algèbre B en une sous-algèbre fermée de $A(\mathbb{T}^2)$ de fonctions indépendantes de la variable Y, donc en fait en une sous-algèbre fermée $\tilde{B}$ de $A(\mathbb{T})$, l'isomorphisme de $A(\mathbb{T};\omega)$ avec cette sous-algèbre $\tilde{B}$ étant donné par l'application

$$\sum_{p \in \mathbb{Z}} a_p e^{ipt} \rightsquigarrow \sum_{p \in \mathbb{Z}} a_p e^{ip\psi(X)} .$$

D'après la proposition 6, ceci n'est possible que si la fonction ψ est linéaire $\psi(X) = NX + c$, N entier, et dans ce cas :

$$f(x, y) = Nax + Nby + c = a'x + b'y + c \quad \text{avec } a' \text{ et } b' \text{ entier ;}$$

B est alors l'ensemble des fonctions $F(a'x + b'y)$ où F décrit $A(\mathbb{T})$; ceci achève la démonstration.

Signalons que la proposition 7 vaut encore lorsqu'on suppose f linéaire par morceaux. On peut conjecturer qu'elle est vraie sans hypothèses sur f. La démonstration est probablement difficile car elle entraînerait en particulier l'analogue du théorème de Beurling et Helson pour les endomorphismes d'algèbres de Beurling $A(\mathbb{T};\omega)$ aussi bien pour les poids $\omega(n) = (1 + |n|)^{\alpha}$ où le résultat est connu (Y. DOMAR [1] et N. LEBLANC [6]) que pour le poids $(1 + \log_+ |n|)$ où le problème reste ouvert.

BIBLIOGRAPHIE

[1] DOMAR Y. - On a theorem of Beurling-Helson type - Publications de l'Université d'Uppsala - Suède - 1972.

[2] GATESOUPE M. - Sur les transformées de Fourier radiales - Mémoire N° 28 - S. M. F. - 1971.

[3] HICKS N. - Notes on differential geometry - Chap. 3 - Princeton - Van Nostrand 1965.

[4] KATNELSON Y. - Sur le calcul symbolique dans quelques algèbres de Banach - Ann. Sc. E. N. S. Paris - 76, p. 83 - 123 - 1959.

[5] LEBLANC N. - Un résultat de calcul symbolique individuel - C.R. Acad. Sc. Paris - Octobre 1972.

[6] LEBLANC N. - Les endomorphismes d'algèbres à poids - Bull. S.M.F. - 99, p. 387 - 396 - 1971.

[7] LOHOUE N. - Thèse - Sc. Math. - Orsay 1972.

ALGEBRES DE BANACH
ASSOCIEES A UN OPERATEUR DIFFERENTIEL
DE STURM-LIOUVILLE

Noël LEBLANC

I - Introduction

L'analyse harmonique des fonctions définies sur la droite réelle peut être considérée comme la recherche et l'étude des développements de la forme :

$$f(x) = \int_{-\infty}^{\infty} \phi(t)\, e^{-itx}\, dt \ ,$$

c'est à dire comme l'étude des développements en somme de fonctions propres associées à l'opérateur :

$$D = \frac{d^2}{dx^2} \ ,$$

qui est auto adjoint chaque fois que l'on se restreint à un espace de fonctions convenable.

Il est donc naturel de se demander si des résultats analogues peuvent être obtenus avec d'autres opérateurs auto adjoints, ce qui revient, si l'on se limite à des opérateurs linéaires du second ordre, à remplacer D par L tel que :

$$L(u) = \frac{d^2u}{dx^2} - q(x)u.$$

Nous allons donner ici quelques résultats de ce type.

II - Le théorème de Plancherel

On peut simplifier considérablement le problème en limitant le domaine de définition des fonctions à étudier, et nous allons commencer par une remarque naïve, relative à l'opérateur D, agissant sur l'espace $C^2([o, a])$:

Le développement classique :

$$f(x) = \sum_{-\infty}^{\infty} a_n \, e^{2ni\pi x/a}$$

obtenu en prolongeant f en une fonction périodique, de période a, peut être remplacé par :

$$f(x) = \sum_{1}^{\infty} b_n \sin n \, \pi \, x/a$$

(en prolongeant f en une fonction impaire, périodique de période 2a) ou par :

$$f(x) = \sum_{1}^{\infty} c_n \cos n \, \pi \, x/a$$

(en prolongeant f en une fonction paire, périodique de période 2a).
Ce dernier développement peut d'ailleurs être considéré comme le meilleur des trois puisque c'est le seul qui puisse converger vers f en tout point de $[o, a]$ lorsque $f(o) \neq f(a)$.

En fait, les deux derniers développements correspondent à des cas particuliers de la situation générale suivante : les sous espaces les plus simples de $C^2([o, a])$ pour lesquels D est un opérateur auto adjoint sont donnés par :

$$E = \{f \in C^2([o, a]) \; ; \; \frac{f'(o)}{f(o)} = \alpha \, , \; \frac{f'(a)}{f(a)} = \beta\} \, ,$$

où α et β sont des constantes réelles, et on ne retire guère de généralité au problème en supposant que $\alpha = \beta$.

Les fonctions propres de D sont alors :

$$\cos \frac{n\pi x}{a} + \frac{a\alpha}{\pi n} \sin \frac{n\pi x}{a} \, , \; n \in \mathbb{N}_+ \quad , \quad e^{\alpha x}$$

et la théorie des espaces de Hilbert nous permet d'écrire :

$$f(x) = a_o\ e^{\alpha x} + \sum_1^{\infty} a_n (\cos \frac{n\pi x}{a} + \frac{a\alpha}{\pi n} \sin \frac{n\pi x}{a}) ,$$

avec

$$a_o = \left[\frac{e^{2a\alpha}-1}{2\alpha}\right]^{-1} \int_0^a f(x)\ e^{\alpha x}\ dx$$

et, si $n \neq 0$,

$$a_n = \left[a(\frac{1}{2} + \frac{a^2\ \alpha^2}{2\pi\ n^2})\right]^{-1} \int_0^a f(x) \left[\cos \frac{n\pi x}{a} + \frac{2\alpha}{\pi n} \sin \frac{n\pi x}{a}\right] dx.$$

Il est alors facile d'imaginer le résultat que l'on obtiendrait par un passage à la limite rigoureux, en faisant augmenter a indéfiniment, et en supposant f intégrable

$$f(x) = A\ e^{\alpha x} + \int_0^{\infty} \phi(\lambda)(\cos \lambda\ x + \frac{\alpha}{\lambda} \sin \lambda x)\ d\lambda$$

avec $A = 0$ si $\alpha \geq 0$

$$A = -2\alpha \int_0^{\infty} f(x)\ e^{\alpha x}\ dx \quad \text{si} \quad \alpha < 0$$

et, quel que soit α,

$$\phi(\lambda) = \frac{2}{\pi(1+\frac{\alpha^2}{\lambda^2})} \int_0^{\infty} f(x)\ (\cos \lambda\ x + \frac{\alpha}{\lambda} \sin \lambda x)\ dx.$$

Un calcul analogue, mais beaucoup plus délicat, peut être fait dans le cas général, c'est-à-dire lorsque D est remplacé par L, si $xq(x)$ est intégrable :

Les solutions bornées de $L(u) = -\lambda^2 u$ telles que $u'(o) = \alpha u(o)$ sont obtenues pour λ réel positif et pour un nombre fini de valeurs imaginaires pures $\lambda_1, \dots, \lambda_n$. Si $\omega_\lambda(x)$ est la solution correspondant à $\omega_\lambda'(o) = \alpha\ \omega_\lambda(o)$,

$$f(x) = \sum_{j=1}^{n} a_j\ \omega_{\lambda_j}(x) + \int_0^{\infty} \Psi(\lambda)\ \omega_\lambda(x)\ d\lambda$$

avec $a_j = \frac{1}{\|\omega_{\lambda_j}\|_2^2} \int_0^\infty f(x)\, \omega_{\lambda_j}(x)\, dx$

$$\Psi(\lambda) = \frac{2}{\pi M(\lambda)} \int_0^\infty f(x)\, \omega_\lambda(x)\, dx$$

où $M(\lambda) = \left| i + \frac{\alpha}{\lambda} + \frac{1}{\lambda} \int_0^\infty e^{-i\lambda t}\, q(t)\, \omega_\lambda(t)\, dt \right|^2$

III - Les travaux de Levitan

L'idée principale de Levitan a été de penser que la généralisation du théorème de Plancherel faite par H. Weyl avait été rendue possible par une structure d'algèbre sous-jacente.

Notons :

$$\tilde{f}(\lambda) = \int_0^\infty f(x)\, \omega_\lambda(x)\, dx.$$

Il s'agit de trouver un produit de composition tel que :

$$(f \circ g)^\sim(\lambda) = \tilde{f}(\lambda)\, \tilde{g}(\lambda) \quad ,$$

et Levitan a pensé que l'on pouvait écrire :

$$(f \circ g)\,(x) = \int_0^\infty f(y)\, G(x,y)\, dy \ ,$$

où l'application :

$$g(x) \to G(x,y)$$

est une application linéaire.

Comme :

$$(f \circ \omega_\lambda)\,(x) = \tilde{f}(\lambda)\, \omega_\lambda\,(x) \quad ,$$

$$\int_0^\infty f(y)\, \Omega_\lambda\,(x,y)\, dy = \omega_\lambda\,(x) \int_0^\infty f(y)\, \omega_\lambda\,(y)\, dy \ ,$$

et nous obtenons alors la relation :

$$(*) \qquad \Omega_\lambda(x,y) = \omega_\lambda(x)\, \omega_\lambda(y) \ ,$$

d'où nous déduisons :

$$\frac{\partial^2}{\partial x^2}\,\Omega_\lambda(x,y) - \frac{\partial^2}{\partial y^2}\,\Omega_\lambda(x,y) = [q(x) - q(y)]\,\Omega_\lambda(x,y) \quad ,$$

et, en utilisant le théorème de H. Weyl ,

$$\text{(i)} \quad \frac{\partial^2}{\partial x^2}\,G(x,y) - \frac{\partial^2}{\partial y^2}\,G(x,y) = [q(x) - q(y)]\,G(x,y).$$

Nous déduisons en outre des relations :

$$\omega_\lambda(o) = a \quad , \quad \omega_\lambda'(o) = b \quad ,$$

$$\text{(ii)} \quad G(x,o) = a\,g(x) \ , \ \frac{\partial G}{\partial y}(x,o) = bg(x).$$

Nous voyons donc que la solution au problème posé par Levitan, si elle existe, est unique.

Pour démontrer que cette solution convient, nous opérons en trois temps :

<u>Proposition 1</u> : $G(x,y) = G(y,x)$.

Ce résultat est évident lorsque g est combinaison linéaire finie de ω_λ, et la théorie des équations aux dérivées partielles, qui nous donne la relation :

$$G(x,y) = \frac{a}{2}\,[g(x+y) + g(|x-y|)] + \int_{|x-y|}^{x+y} w(x,y,t)\,g(t)\,dt \ ,$$

nous donne la possibilité de passer à la limite.

<u>Proposition 2</u> : $(\omega_\lambda \circ f)(x) = \tilde{f}(\lambda)\,\omega_\lambda(x)$.

On suppose f à support compact, pour pouvoir calculer :

$$\frac{d^2}{dx^2}(\omega_\lambda \circ f)(x) - q(x)\,(\omega_\lambda \circ f)(x)$$

et en déduire que $\omega_\lambda \circ f = \tilde{f}(\lambda)\,\omega_\lambda$. On étend ensuite le résultat si l'on sait que l'application :

$$f(x) \to F(x,y)$$

est bornée, ce qui a lieu dans les cas raisonnables (par exemple si $q(x)$ reste bornée).

<u>Théorème</u> : $(f \circ g)^{\sim}(\lambda) = \tilde{f}(\lambda)\,\tilde{g}(\lambda)$.

Ilsuffit d'appliquer le théorème de Fubini

$$(f \circ g)^{\sim}(\lambda) = \iint f(y)\, G(x,y)\, \omega_\lambda(x)\, dx\, dy = \tilde{f}(\lambda)\,\tilde{g}(\lambda).$$

IV - <u>La notion d'algèbre de Banach</u>

On peut formuler le problème de la façon suivante : l'opération de composition qui, à f et g, associe $f \circ g$, ressemble à la convolution usuelle, et on peut penser que, si $q(x)$ est assez petit (dans un sens à préciser), si α est assez petit, cette opération donne encore à $L^1([o, \infty])$ une structure d'algèbre de Banach.

En fait, on doit faire une hypothèse supplémentaire : on doit supposer que $\omega_o(x)$ est borné, ce qui permet de majorer tous les $\omega_\lambda(x)$, uniformément par rapport à λ ; on obtient alors le résultat lorsque $(1 + x)\, q(x)$ est intégrable et lorsque α a la valeur α_o pour laquelle $\omega_o(x)$ est borné.

Pour obtenir ce résultat, on écrit :

$$\omega_\lambda(x) = \cos \lambda x + \int_o^x A(x,y) \cos \lambda y\, dy ,$$

puis on montre que l'application définie par :

$$U(f(x)) = f(x) + \int_o^\infty A(t,x)\, f(t)\, dt$$

est une application de L^1 dans L^1 telle que :

$$U(f \circ g) = [U(f) * U(g)].$$

On obtient alors le résultat en montrant que $f \to U(f)$ a pour noyau $\mathbb{C}^n$ et qu'il existe une application W de L^1 dans L^1, telle que, si f est orthogonale au noyau de U,

$$W[U(f)] = U[W(f)] = f.$$

Toutes ces propriétés ont été tout d'abord obtenues à l'aide d'une étude attentive de la fonction $A(x,y)$, mais peuvent être retrouvées par les méthodes du paragraphe suivant. Il est intéressant de noter que, si α est infini, la situation est très différente : on la compare maintenant au produit défini lorsque $q = o$ par :

$$f \cdot g(x) = \iint_{|u-v| < x < u+v} f(u)\, g(v)\, du\, dv ,$$

c'est-à-dire au produit de convolution des fonctions radiales de $\mathbb{R}^3$ dont on sait que les propriétés sont différentes de celles du produit de convolution usuel.

V - Les résultats récents

De gros progrès ont été faits récemment, grâce aux travaux de Hudson et Pym qui ont utilisé une idée qu'avait eu Levitan, qui ne l'avait pas utilisée à fond : le produit de composition défini précédemment est tel que :

$$< f \circ g, h > = < f, \bar{g} \circ h > = < f \otimes g, H >,$$

où l'application $h \to H$ est définie comme au paragraphe III.

On peut alors, avec cette nouvelle définition du produit de composition, généraliser les résultats précédents au cas des fonctions définies sur la droite toute entière. Il est intéressant de noter toutefois que cette généralisation introduit certaines contraintes si l'on impose au produit de composition d'être encore commutatif, et que le cas des fonctions définies sur la demi droite est donc loin d'être totalement étudié. Il serait en particulier intéressant de savoir si l'on peut trouver sur la demi droite des algèbres différentes de celles introduites par les transformées de Hankel.

La méthode pour définir le produit de composition consiste donc à se donner une application linéaire :

$$h \to H$$

Si cette application est assez régulière, on peut définir le produit de composition de deux distributions à support compact en posant :

$$< h, S * T > = < H, S \otimes T >.$$

Dans la pratique H sera la solution de l'équation aux dérivées partielles :

$$\frac{\partial^2 H}{\partial x^2} - \frac{\partial^2 H}{\partial y^2} = [q(x) - q(y)]\, H$$

$$H(x,o) = Ah\ ,\ \frac{\partial H}{\partial y}(x,o) = Bh$$

où A et B sont des opérateurs linéaires, et on sait alors mettre H sous la forme d'une solution de l'équation intégrale :

$$H(x,y) = (Eh)(x,y) + \frac{1}{2}\int_o^y \int_{x-y+t}^{x+y-t} h(x,t)\ [q(t)-q(s)]\ ds\ dt$$

où $(Eh)(x,y)$ est somme d'une fonction de $x + y$ et d'une fonction de $x - y$, qui ne dépendent que de A, B et h.

Il existe par ailleurs des conditions sur A et B pour que le produit soit associatif et commutatif :

$$(Af)'\ (o) = (Bf)\ (o)$$

$$A\ B\ f = B\ A\ f.$$

Ces conditions sont vraisemblablement suffisantes si en outre L commute avec A et B, mais la démonstration ne s'applique que sous des conditions d'analyticité.

On peut alors reprendre les calculs du paragraphe IV en conservant l'hypothèse que $(1 + |x|)|q(x)|$ est intégrable, mais on obtient surtout un résultat nouveau très intéressant, lorsque $q(x)$ est paire et à variations bornées, ce qui peut laisser espérer des résultats analogues sur la demi droite. Nous supposons pour simplifier que q est décroissante pour $x > o$.

Théorème : Soit q, une fonction paire, finie, décroissante si $x > o$; soit ϕ la fonction paire tel que, pour α et β positifs donnés, on ait pour $y > o$

$$\phi(y) = \alpha + \beta y + \int_o^y (y-t)\, q(t)\, \psi(t)\, dt \; ;$$

soit :

$$U(x,y) = \frac{\alpha}{2}[\phi(x+y) + \phi(x-y)] + \frac{\beta}{2}\int_{x-y}^{x+y} \phi(t)\, dt \; ;$$

s'il existe a tel que, pour toute fonction f telle que $f/\phi \in L^\infty$,

$$|(Ef)(x,y)| < a\, U(x,y)\|\frac{f}{\phi}\|_\infty \, ,$$

alors :

$$\|\frac{F}{\phi \otimes \phi}\| < a\, \|\frac{f}{\phi}\|_\infty \, .$$

Démonstration : $|F(x,y)| = |(I-Q)^{-1}\, (Ef)\, (x,y)|$

où $Q(h) = \frac{1}{2}\int_o^y \int_{x-y+t}^{x+y-t} h(s,t)\, [q(t) - q(s)]\, ds\, dt.$

$$|F(x,y)| = |\, \Sigma H^n\, (Ef)\, (x,y)| \leq \Sigma\, |H^n\, (Ef)\, (x,y)| \, ,$$

et nous obtenons, si $y < x$, et comme q est décroissante,

$$|F(x,y)| \leq \Sigma\, H^n|(Ef)\, (x,y)| \leq a\, \|\frac{f}{\phi}\|_\infty\, (I-H)^{-1}\, U.$$

On vérifie alors $(I-H)^{-1}\, U$ satisfait la même équation différentielle que $\phi \otimes \phi$, avec les mêmes conditions initiales, ce qui entraîne l'égalité de ces deux expressions, et notre théorème.

On vérifie ensuite que, dans les cas raisonnables les conditions du théorème sont réalisées et l'on en déduit :

Corollaire : Soit $\|\mu\|_\phi = \int \phi \, d|\mu|$; alors $\|\mu * \gamma\|_\phi \le \|\mu\|_\phi \, \|\gamma\|_\phi$.

Il suffit d'avoir $a = 1$ par un choix convenable de α et de β ;

$$\|\mu * \gamma\|_\phi = \sup_{|f|_\infty \le 1} < f\phi, \mu * \gamma >$$

$$\le \sup_{|G|_\infty \le 1} < G \, \phi \otimes \phi \, , \mu \otimes \gamma > = \|\mu\|_\phi \, \|\gamma\|_\phi .$$

Remarque : Il est intéressant de noter que ce dernier résultat généralise en fait ceux du paragraphe IV, car la fonction que nous notons ici ϕ n'est rien d'autre que celle que nous notions précédemment ω_0 et nous retrouvons donc le même résultat lorsque ω_0 est borné.

VI - Bibliographie

L'extension du théorème de Plancherel est due à

H. WEYL, Math. Annalen, 68, 1910, p. 220-269.

L'étude de problème de ce type ne fut reprise que beaucoup plus tard, par DELSARTE. On pourra consulter par exemple

J. DELSARTE, Acta Math., 69, 1938, p. 259-317

J. DELSARTE, J. Math. Pures et Appl., 17, 1938, p. 213-231.

Les travaux de LEVITAN sont très nombreux. On trouve les résultats exposés ici, avec beaucoup d'autres, dans

B. LEVITAN, Uspekhi mat., 4, 1949, p.3-112 (Transl. A.M.S., série 1, 10, 1962, p. 408-541)

B. LEVITAN, Generalized Translation Operators, Izdat. Fiz. Mat. Lit. Moscou, 1962 (Israel progr. scient. Transl. Jerusalem, 1964).

La notion d'algèbre de Banach a d'abord été étudiée par

A. POVZNER, Mat. Sbornik, 23, 1948, p. 3-52 (Transl. A.M.S., série 1, 4, 1962, p. 24-101)

V. MARCHENKO, Trudy Moskov. Mat. Obs., 1, 1952, p. 327-420 et 2, 1953, p. 3-83

N. LEBLANC, J. Funct. Anal., 2, 1968, p. 52-72.

Les travaux de HUDSON et PYM sont en cours de parution

V. HUDSON et J. PYM, Proc. London Math. Soc., avril 1972

V. HUDSON et J. PYM, J. Funct. Anal., 1973

A SURVEY OF A FOURIER SERIES METHOD FOR MEROMORPHIC FUNCTIONS

L. A. RUBEL[1]

Most of the results described here are obtained by using the following simple lemma as a basic tool.

Lemma 1. *If* f *is analytic in* $|z| \le r$, *with zeros* $z_n = r_n e^{i\theta_n}$, $f(0) \ne 0$, *and* $\log f(z) = \sum_{k=0}^{\infty} a_k z^k$ *near* $z = 0$, *then*

$$\log |f(r e^{i\theta})| = \sum_{k=-\infty}^{\infty} c_k(r) e^{ik\theta} \tag{1}$$

where the c_k *are given by*

$$c_0 = \sum_{r_n \le r} \log \frac{r}{r_n} + \log |f(0)| \tag{2}$$

$$c_k = \tfrac{1}{2} \alpha_k r^k + \frac{1}{2k} \sum_{r_n \le r} \left(\frac{r}{z_n}\right)^k - \frac{1}{2k} \sum_{r_n \le r} \left(\frac{\bar{z}_n}{r}\right)^k \quad \textit{for } k > 0 \tag{3}$$

$$c_{-k} = \bar{c}_k \qquad \textit{for } k > 0 \tag{4}$$

This result has been independently discovered by many people, including F. Nevanlinna [17] (1923) (see also R. Nevanlinna [18] (1925), H. Kneser [5] (1938), Edrei and Fuchs [4] (1959), Rubel [21] (1963) and Kopeć [6] (1969)). It extends without difficulty to meromorphic functions. Noverraz [19], [20] has ex-

---

[1] The work on this article was partially supported by a grant from the National Science Foundation.

tended it to subharmonic and δ - subharmonic functions. The emphasis I make here is that Lemma 1 gives a formula for the Fourier coefficients of $\log |f|$, so that one may apply techniques of Fourier analysis to get results about meromorphic functions. Before my paper [21], the emphasis in Lemma 1 was different, and the $c_k(r)$ were generally discarded.

For most of this survey, I will restrict myself to functions of one complex variable, but will describe the generalizations that have been achieved for several variables.

Definition. *A growth function* λ *is any positive non-decreasing function defined on* $[0,\infty]$.

Definition. *An entire function of one complex variable is of finite* λ - *type if there exist constants* A *and* B *such that for all* $r \geq 0$,

$$\log |f(r e^{i\theta})| \leq A \lambda (B r).$$

Different occurrences of the letters A and B may denote different constants.

Theorem 1. *A necessary and sufficient condition that the entire function* f *be of finite* λ - *type is that there exist constants* A *and* B *such that*

$$|c_k(r,f)| \leq \frac{A \lambda (B r)}{|k| + 1}, \qquad k = 0, \pm 1, \pm 2, \ldots \ . \tag{5}$$

If

$$|c_k(r,f)| \leq A \lambda (B r), \qquad k = 0, \pm 1, \pm 2, \ldots \tag{6}$$

then (5) *holds (with possibly different constants).*

Noverraz [19], [20] has generalized Theorem 1 to subharmonic functions and to n - subharmonic functions in $\mathbb{C}^n$.

Definition. *A meromorphic function* f *is of finite* λ - *type if there exist* constants A and B such that

$$T(r,f) \leq A\,\lambda(B\,r) \quad , \quad 0 \leq r < \infty ,$$

where $T(r,f)$ is the Nevanlinna characteristic of f.

Kulala [7] has a similar definition for functions of n complex variables, using a characteristic function that depends on

$$\|z\| = \{|z_1|^2 + |z_2|^2 + \dots + |z_n|^2\}^{\frac{1}{2}} .$$

Taylor [34] does a similar thing, but his characteristic is more subtle, since it depends fully on the vector $\bar{r} = (|z_1| \, , \, |z_2| \, , \, \dots \, , \, |z_n|)$. Beck [1] studies functions of finite λ - type in the unit disc $D = \{z : |z| < 1\}$ where he now supposes

$$T(r,f) \leq \frac{A}{(1-r)^p} \; \lambda((1-\beta)\,r + \beta),$$

where A is a constant, p is a positive integer, and $0 \leq \beta < 1$. Kujala [8] has extended this to the unit ball in $\mathbb{C}^n$.

Let $Z(f)$ denote the zero set of f and $W(f)$ its pole set. For simplicity, I assume that $f(0) = 1$. I say that a set Z has finite λ - density if $N(r,Z) \leq A\,\lambda(B\,r)$ for suitable constants A and B, where

$$N(r,Z) = \int_0^r \frac{n(t,Z)}{t}\,dt$$

and

$$n(t,Z) = \sum_{\substack{|z| \leq t \\ z \in Z}} 1 .$$

Theorem 2. Let f be a meromorphic function. If f is of finite λ - type, then $Z(f)$ and $W(f)$ have finite λ - density, and there exist constants A and B such that (5) holds. In order that f should be of finite λ - type, it is sufficient that $Z(f)$ (or $W(f)$) have finite λ - density and that the weaker inequality (6) hold.

As in the case of Theorem 1, this result has been extended by Beck [1], Noverraz [19], [20] and Kujala [7], [8].

As a corollary of Theorems 1 and 2 we have (Rubel and Taylor [26])

Theorem 3. *Let f be an entire function. If f is of finite λ - type and if $1 \le q < \infty$, then*

$$\left\{ \frac{1}{2\pi} \int_{-\pi}^{\pi} \left| \log \left| f(r e^{i\theta}) \right| \right|^q d\theta \right\}^{1/q} \le A \lambda (B r) \tag{7}$$

for suitable constants A and B and all $r > 0$. Conversely, if (7) holds for some one q in this range, then f is of finite λ - type.

Theorem 4. *Let f be a meromorphic function of finite λ - type with $f(0) \ne 0, \infty$. Then for each positive number ε, there exist positive constants α and β such that for all $r > 0$,*

$$\frac{1}{2\pi} \int_{-\pi}^{\pi} \exp\left(\frac{\alpha}{\lambda(\beta r)} \left| \log |f(r e^{i\theta})| \right| \right) d\theta \le 1 + \varepsilon. \tag{8}$$

We remark that (8) implies

$$\frac{1}{2\pi} \int_{-\pi}^{\pi} \frac{1}{|f(r e^{i\theta})|^{\alpha/\lambda(\beta r)}} \, d\theta \le 1 + \varepsilon. \tag{9}$$

Beck [1] has found analogues in the case of the disc, and Noverraz [19], [20] has found analogues for δ - subharmonic functions and for n - subharmonic functions.

The strongest result so far found using the Fourier series method is due to Miles [15] and Rubel and Taylor [26], and I shall refer to it as the EQRT (Efficient Quotient Representation Theorem).

Theorem 5. *If f is a meromorphic function of one complex variable, then there exist entire functions g and h such that $f = g/h$ and*

$$T(r,g) \leq AT(Br,f)$$

$$T(r,h) \leq AT(Br,f),$$

<u>for suitable constants</u> A <u>and</u> B.

It is easy to make B close to 1 at the expense of enlarging A. But Miles [15] has shown that we may not, in general, take $B = 1$. The proof of the EQRT goes as follows. Rubel and Taylor reduced it to an elementary but difficult problem about sequences Z in the complex plane. Say that Z is λ - balanced if

$$\left|\frac{1}{k} \sum_{r \leq |z_n| \leq s} \left(\frac{1}{z_n}\right)^k\right| \leq \frac{A\lambda(Br)}{r^k} + \frac{A\lambda(Bs)}{s^k}$$

for $k = 1, 2, 3, \ldots$, where A and B are constants independent of k. Say that λ is regular if every sequence Z of finite λ - density is contained in a sequence Z' of finite λ - density that is also λ - balanced. Rubel and Taylor showed that Theorem 5 would follow if every growth function λ is regular, and they proved that if λ is slowly increasing (i.e., $\lambda(2r)/\lambda(r)$ is bounded) or if $\log \lambda(e^x)$ is convex, then λ is regular, but they could not handle unrestricted λ. By a powerful and ingenious method, Miles used Fourier analysis to prove that every growth function is indeed regular. Beck [1] has extended these results to the disc. Stoll [31 ; Theorem 6, p. 429] has proved that every meromorphic function in $\mathbb{C}^n$ of growth at most order ρ, exponential type, is the quotient of two entire functions of such growth. His proof avoids Fourier analysis. Taylor [34] has proved, for n complex variables, a more complete analogue of EQRT, namely that every meromorphic function in $\mathbb{C}^n$ of finite λ - type is the quotient of two entire functions of finite λ - type, but under the hypothesis that the growth function $\lambda = \lambda(r_1, r_2, \ldots, r_n)$ is slowly increasing in each variable. Kujala in [7, Prop. 7.3] proves an analogous result under the assumption that

$$\int_r^s \lambda(t)\, t^{-p-1}\, dt \leq \frac{A\lambda(Br)}{r^p} + \frac{A\lambda(Bs)}{s^p}$$

whenever $r \geq s \geq R$ and $p \geq p_0$, where A, B, R, and p_0 are constants that depend on λ, which is a function of $\|z\|$. He makes use of the Fourier series method and obtains numerous related results. Skoda [28], [29], [30] obtains results related to those I have discussed so far by using Hörmander's $\bar{\partial}$ techniques, but he restricts himself to those λ for which $\lambda(r)/r^{\alpha}$ is an increasing function of r for large r ans some $\alpha > 0$. He has numerous other results that are more applicable to functions that grow very fast. The work of Rubel and Taylor contains necessary and sufficient conditions that a sequence Z be the exact zero set of an entire (resp. meromorphic) function of finite λ - type, generalizing a classical theorem of Lindelöf. For entire functions, it is simply that Z have finite λ - density and be λ - balanced, while for meromorphic functions, only the density condition enters. Related results have been proved by the other authors just mentioned.

For entire functions of finite order, the partial products of the Hadamard product don't grow too fast, and this fact is useful in many applications, for example to the theory of mean-periodic entire functions (see e.g., Taylor [33]). By using the Fourier series method, Rubel and Taylor [26], [27] have constructed a "generalized canonical product," which is a family $\{f_R\}$ of entire functions that partially replaces the Hadamard product and that is applicable to more general rates of growth.

In another direction, one studies the rate of growth of Blaschke products in the unit disc. Let $\Sigma (1 - |z_n|) < \infty$, $|z_n| > 0$, and let

$$B(z) = \Pi \frac{\bar{z}_n}{|z_n|} \frac{z_n - z}{1 - \bar{z}_n z}$$

and

$$I_p(r) = \frac{1}{2\pi} \int_{-\pi}^{\pi} \left|\log|B(re^{i\theta})|\right|^p \, d\theta.$$

MacLane and Rubel [14] studied those sequences $Z = \{z_n\}$ for which $I_2(r)$ is a bounded function of r. In particular, it depends on the angular distribution of Z as well as its radial distribution. Later, Linden [11], [12], [13], extended these results quite far (in particular to all $1 \leq p < \infty$) without using the Fourier series method that was the basis of MacLane and Rubel's work.

In [22], [24], Rubel used the Fourier series formula to obtain a number of results about meromorphic functions in the unit disc. He defined a characteristic $T_B(r,f)$ that depends on a trigonometric polynomial B, and that reduces to the Nevanlinna characteristic when $B \equiv 1$. There is a first fundamental theorem and a second fundamental theorem involving T_B. (Beware that N_B' need not be positive, as was erroneously asserted in [22], [24] but was amended in the erratum to [22]). It seems possible, unfortunately, for $T_B(r_n,f)$ to approach $-\infty$ for a sequence r_n that approaches 1, even if B is non - negative. This phenomenon deserves some study. One application of the generalized characteristic is the following.

Theorem 6. <u>Suppose</u> f <u>is an analytic function in the open unit disc. Then</u> f <u>cannot have two non-deficient values distributed on two non-intersecting finite sets of rays through the origin.</u>

In the proof, one chooses B to be a non-negative trigonometric polynomial that vanishes where these rays intersect the unit circle.

One peculiar result I proved in [22] is the following.

Theorem 7. <u>Let</u> f <u>be an analytic function in the open unit disc</u> D <u>and suppose</u>

that f has many zeros there in the sense that $\Sigma\,(1 - |z_n|) = \infty$, where $\{z_n\} = Z\,(f)$. Then for any function B analytic on ∂D, we have

$$(10) \qquad \limsup_{r \to 1-} \left| \frac{\frac{1}{2\pi} \int_{-\pi}^{\pi} \overline{B}\,(r\,e^{i\theta}) \log |f\,(r\,e^{i\theta})|\,d\,\theta}{\frac{1}{2\pi} \int_{-\pi}^{\pi} \log |f\,(r\,e^{i\theta})|\,d\,\theta} \right| \leq \|B\|_\infty$$

where $\|B\|_\infty = \sup\,\{|B\,(e^{i\theta})| : -\pi \leq \theta \leq \pi\}$. Further if B belongs to $L^2\,(\partial D)$ but is not analytic on ∂D, then there is such a function f for which the lim sup in (10) is $+\infty$.

In [2 ; Theorem 4. 5, p. 51], Bonar used the Fourier series formula to prove a result on strongly annular functions in the unit disc D. The analytic function f is called strongly annular if there is a sequence $r_n \to 1-$ for which

$$\lim_{n \to \infty} \min\,\{|f\,(z)| : |z| = r_n\} = \infty.$$

Theorem 8. ([2]) If f is strongly annular in D, then for no positive integer p do all the zeros of f lie on the rays $\{z : z = r\,e^{2\pi ij/p}\}$, $j = 0, 1, \ldots, p-1$.

Then in [3 ; Theorem 2. 5], Bonar and Carroll proved the next result.

Theorem 8. ([3]) Let f be a strongly annular function in D, and suppose that

$$\limsup_{r \to 1-} [(\min/\max)\,\{\log |f\,(z)| : |z| = r\}] = \eta$$

for some $\eta > 0$. Then for every positive integer p, there is a point $e^{i\theta}$ that is a limit point of zeros of f, such that $\cos\,(p\,\theta) \leq 1 - \eta$. In particular, the number of limit points of zeros of such an f cannot be finite.

The Fourier series formula is the basis of their proof. I believe one can prove a modified analogue of this result for entire functions.

In [16], Miles and Shea use the Fourier series formula to prove the next result.

Theorem 9. ([16]) *If f is a meromorphic function of finite order* λ, *then*

$$\limsup_{r \to \infty} \frac{N(r,0) + N(r,\infty)}{m_2(r,f)} \geq \frac{|\sin \pi \lambda|}{\pi \lambda} \left\{ \frac{2}{1 + \frac{\sin 2\pi\lambda}{2\pi\lambda}} \right\}^{\frac{1}{2}} .$$

This inequality is sharp.

Here,

$$m_2(r,f) = \left\{ \frac{1}{2\pi} \int_{-\pi}^{\pi} \left|\log|f(re^{i\theta})|\right|^2 d\theta \right\}^{\frac{1}{2}} .$$

This work is related to a famous conjecture that for all meromorphic functions f of order λ,

$$k(f) \geq \frac{|\sin \pi \lambda|}{D(\lambda)}$$

where

$$k(f) \overset{\text{def}}{=} \limsup_{r \to \infty} \frac{N(r,0) + N(r,\infty)}{T(r,f)}$$

and where

$$D(\lambda) = q + |\sin \pi \lambda| \quad \text{or} \quad D(\lambda) = q + 1 ,$$

where $q = [\lambda]$ is the integer part of λ and the choice of $D(\lambda)$ is according as $q \leq \lambda < q + \frac{1}{2}$ or $q + \frac{1}{2} \leq \lambda < q + 1$.

In the direction of this conjecture, they prove by these methods that

$$k(f) \geq (0.9) \frac{|\sin \pi \lambda|}{\lambda + 1} , \qquad 1 < \lambda < \infty .$$

Their proof of these results is based on the observation that the moduli of the Fourier coefficients of $\log|f(r e^{i\theta})|$, if f is of finite order, are increased if f is replaced by a suitable entire function having zeros at the moduli of the zeros and poles of f.

It is my hope that the Fourier series method will continue to flourish. One line that should be investigated is the pursuit of analogous techniques for n variables that use spherical harmonics instead of Fourier series. There are many results that I did not have space to describe in this survey. The reader is urged to read the papers listed in the reference section at the end of this paper. I apologize to any author who feels I have not given his work enough coverage. I have tried my best in the time and space available to me.

References

1. W. Beck, Efficient quotient representations of meromorphic functions in the disc, Thesis, University of Illinois (Urbana-Champaign), 1970.

2. D.D. Bonar, On annular functions, VEB Deutscher Verlag der Wissenschaften, Berlin, 1971.

3. D.D. Bonar and F.W. Carroll, Distribution of a-points for unbounded analytic functions, preprint 1972.

4. A. Edrei and W.H.J. Fuchs, Meromorphic functions with several deficient values, Trans. Amer. Math. Soc. 93 (1959), pp. 292-328.

5. H. Kneser, Zur theorie der gebrochenen Funktionen mehrer Verändlicher, Jber. Deutsch Math.-Verein 48 (1938), pp. 1-28.

6. J. Kopeć, On a generalization of Jensen's formula, Prace Mat. XIII. 1 (1969), pp. 77-80.

7. Robert O. Kujala, Functions of finite λ-type in several complex variables, Trans. Amer. Math. Soc. 161 (1971), pp. 327-358.

8. R. Kujala, Functions of finite λ-type on the unit ball in C^n, in preparation.

9. R. Kujala, Generalized Blaschke conditions, in preparation.

10. R.O. Kujala, On algebraic divisors in C^k, Symposium on Several Complex Variables, Park City, Utah, 1970, Lecture Notes in Mathematics 184, Springer Verlag, Berlin, 1971.

11. C.N. Linden, Integral means and zero distribution of Blaschke products, preprint.

12. C.N. Linden, On Blaschke products of restricted growth, Pacific J. Math 38 (1971), pp. 501-513.

13. C.N. Linden, On Blaschke products with small integral means, preprint.

14. G.R. MacLane and L.A. Rubel, On the growth of Blaschke products, Canadian J. Math. 21 (1969), pp. 595-600.

15. J. Miles, Quotient representations of meromorphic functions, J. d'Analyse Math., XXV (1972), pp. 371-388.

16. J. Miles and D.F. Shea, An extremal problem in value-distribution theory, submitted.

17. F. Nevanlinna, Bemerkungen zur Theorie der ganzen Funktionen endlicher Ordnung, Soc. Sci. Fenn. Comment. Phys.-Math. 2 Nr. 4, (1923).

18. R. Nevanlinna, Zur theorie der meromorphen Funktionen, Acta Math. 46 (1925), pp. 1-99.

19. P. Noverraz, Extensions d'une méthode de séries de Fourier aux fonctions sousharmoniques et plurisousharmoniques, Séminaire P. Lelong, 6ème année 1965/66, Exposé n. 3.

20. P. Noverraz, Extension d'une méthode de séries de Fourier aux fonctions sousharmoniques et plurisousharmoniques, C. R. Acad. Sci. Paris, t. 264 (10 Avril 1967), pp. 675-678.

21. L.A. Rubel, A Fourier series method for entire functions, Duke Math. J. 30 (1963), pp. 437-442.

22. L.A. Rubel, A generalized characteristic for meromorphic functions, J. Math. Anal. and Applic. 18 (1967), pp. 565-584.

23. L.A. Rubel, Croissance et zéros des Fonctions Méromorphes - Espaces Duals de Fonctions Entières, Publications du Séminaire de Mathématiques d'Orsay 1965-66.

24. L.A. Rubel, Une caractéristique généralisée pour les fonctions méromorphes, C.R. Acad. Sci. Paris, t. 262 (9 Mai 1966), pp. 1043-1045.

25. L.A. Rubel, Une méthode de séries de Fourier pour les fonctions méromorphes, Séminaire P. Lelong, 6ème année, 1965/66, Exposé n.1.

26. L.A. Rubel and B.A. Taylor, A Fourier series method for meromorphic and entire functions, Bull. Soc. Math. France 96 (1968), pp. 53-96.

27. L.A. Rubel and B.A. Taylor, A generalized canonical product, Sovrmen. Prob. Teor. Analit. Funkcii, Erevan 1965, pp. 264-270, Moscow (1966).

28. H. Skoda, Croissance des fonctions entières s'annulant sur une hypersurface donnée de C^n, preprint 1970 (Also Seminaire P. Lelong 1971).

29. H. Skoda, Croissance des fonctions entières s'annulant sur un sous-ensemble analytique dans C^n, C.R. Acad. Sci. Paris, t. 274 (3 Mai 72), pp. 1347-1350.

30. H. Skoda, Solution à croissance du second problème de Cousin dans C^n, Ann. Inst. Fourier (Grenoble) XXI (1971), pp. 11-23.

31. W. Stoll, About entire and meromorphic functions of exponential type, Proceedings of Symposia in Pure Mathematics, Vol. XI, Amer. Math. Soc., Providence, 1968, pp. 392-430.

32. B.A. Taylor, Duality and entire functions, Thesis, University of Illinois (Urbana-Champaign), 1965.

33. B.A. Taylor, Some locally convex spaces of entire functions, Proceedings of Symposia in Pure Mathematics, Vol. XI, Amer. Math. Soc., Providence, 1968, pp. 431-467.

34. B.A. Taylor, The field of quotients of some rings of entire functions, Proceedings of Symposia in Pure Mathematics, Vol. XI, Amer. Math. Soc., Providence, 1968, pp. 468-474.

ON SPECTRAL SYNTHESIS IN COMMUTATIVE BANACH ALGEBRAS USING CLOSED IDEALS OF FINITE CO-DIMENSION

Yngve DOMAR

0. Let B be a commutative Banach algebra with identity. For every closed ideal $I \subset B$, $H(I)$ denotes the family of closed ideals of finite co-dimension and containing I, and $K(I)$ denotes the intersection of the ideals in $H(I)$.

We say that <u>finite-dimensional spectral synthesis</u> holds in B, if $I = K(I)$ whenever $K(I)$ has finite co-dimension. Expressed otherwise : finite-dimensional spectral synthesis holds in B, if I has finite co-dimension whenever $K(I)$ has finite co-dimension. Our aim is to investigate some Banach algebras with respect to this property.

In § 1 a general theorem is proved for an algebra which in a very weak sense is generated by one of its elements. The theorem, Theorem 1, states that finite-dimensional spectral synthesis holds if certain inequalities hold for the norms of the elements. Theorem 1 is applied in § 2 to two classes of classical function algebras on T, and extensions of the results to subalgebras are indicated. In § 3 a Banach algebra, not singly generated, is discussed, and it is proved that $I = K(I)$, if $K(I)$ has co-dimension 1. In § 4 a question is raised concerning the structure of the closed ideals in a radical Banach algebra where quite trivially finite-dimensional spectral synthesis does not hold.

This paper is a continuation of work presented earlier in [1] and [2]. One essential novelty is the method of proof in § 3. For $K(I)$ of higher co-dimension than 1, technical complications arise when the same idea of proof is attempted, but the author hopes that they can be overcome so that a final and more general version of Theorem 4 can be presented later.

1. Theorem 1. *Let B contain an element a such that the subspace of B consisting of all $Q(a)$, where Q is rational with poles off $Sp(a)$, is dense in B. Moreover we assume that we can find, for every polynomial P, a positive constant C_P such that*

(1) $$\|P(a)bc\| \leq C_P \, \|P(a)b\| \, \|P(a)c\| ,$$

$\forall b,c \in B$. *Then finite-dimensional spectral synthesis holds in* B.

We need the following lemma where, for every polynomial P, L_P denotes the smallest closed ideal of B containing the element $P(a)$.

Lemma 1. *A closed ideal K of B has finite co-dimension if and only if $K = L_P$ for some polynomial $P \neq 0$.*

Proof of Lemma 1. Let P be an arbitrary polynomial of degree $m \geq 1$, and let the polynomial $Q(a)$ be obtained from $P(a)$ by dividing away all non-trivial invertible factors. Then $L_Q = L_P$. For every rational $R(a)/S(a)$, where R and S are polynomials, $S(a)$ invertible, Q and S are relatively prime. Therefore we have a representation

$$R(a)S(a)^{-1} = R(a)S(a)^{-1}(Q(a)T(a) + S(a)U(a)) = b + C(a)$$

where $b \in L_Q$ and C is a polynomial of degree $< m$. Since the space of all $R(a)/S(a)$ is dense in B, the co-dimension of $L_P = L_Q$ is $\leq m$. The same conclusion holds trivially if the degree of P is 0, but $P \neq 0$.

Conversely, let K be a closed ideal of finite co-dimension m. Then there exists a polynomial P of degree $\leq m$ such that $P(a) \in K$. Thus $L_P \subset K$, and by the first part of the proof, the co-dimension of L_P is $\leq m$. This implies that $K = L_P$, and the lemma is proved.

Proof of Theorem 1. Let I be a closed ideal of B such that $K = K(I)$ has co-dimension $m < \infty$. By Lemma 1 we can find a polynomial P such that $K = L_P$. The mapping $(P(a)b, P(a)c) \to P(a)bc$, $b, c \in B$, is uniquely defined. Moreover it is defined on a dense subset of $K \times K$. By (1) it can be extended to a composition $*$ which makes $\langle K,*\rangle$ a commutative Banach algebra. Its identity is the element $P(a)$. By definition the relation

$$(P(a)b) * (P(a)c) = P(a)bc$$

holds for every $b, c \in B$, and using (1) it can by a simple limit procedure be extended to

$$(2) \qquad (P(a)b) * c = bc \quad ,$$

for $b \in B$, $c \in K$.

By (2) every closed ideal in $\langle K,*\rangle$ is as well a closed ideal in B. Hence a maximal ideal in $\langle K,*\rangle$, i. e. a closed ideal in $\langle K,*\rangle$ of co-dimension 1, is a closed ideal in B of co-dimension $m + 1$. But $I \subset B$ is by assumption not contained in any ideal of the latter kind, hence I, considered as subspace of $\langle K,*\rangle$, is not contained in any of its maximal ideals. Thus I generates an ideal in $\langle K,*\rangle$ which is the whole space, in particular it contains the identity $P(a)$.

Thus there exist elements $a_\nu \in I$, $b_\nu \in K$, $\nu = 1, \ldots, n$, such that

$$\sum_{\nu=1}^{n} a_\nu * b_\nu = P(a) .$$

Then

$$\sum_{\nu=1}^{n} (P(a)^2 * a_\nu) * b_\nu = P(a)^2 ,$$

which by (2) can be written

$$\sum_{\nu=1}^{n} (P(a)a_\nu) * b_\nu = P(a)^2 .$$

Once more applying (2) we obtain

$$\sum_{\nu=1}^{n} a_\nu b_\nu = P(a)^2 .$$

But the left hand member of this relation belongs to I. Hence $I \supset L_{P^2}$, and, by Lemma 1, I has finite co-dimension.

Remark 1. If we want to apply Theorem 1 only to one particular closed ideal I , it is of course enough to assume that a relation (1) holds for a polynomial P with $L_P = K(I)$.

Remark 2. In order to verify (1) for a polynomial $P(a) = (a - \lambda_1)^{m_1} \dots (a - \lambda_\nu)^{m_\nu}$, all λ_μ different, it suffices to prove a relation of type (1) for each factor $(a - \lambda_\mu)^{m_\mu}$. For if $P = R_1 R_2$ with R_1 and R_2 relatively prime, we can find polynomials S_1 and S_2 such that $R_1 S_1 + R_2 S_2 = 1$ and write

$$P(a)bc = R_2(a)(R_1(a)b)(S_1(a)R_1(a)c) + R_1(a)(R_2(a)b)(S_2(a)R_2(a)c).$$

Assuming that (1) holds for R_1 and R_2 with the constant C we obtain

$$\|P(a)bc\| \leq C(\|P(a)b\| \, \|P(a)S_1(a)c\| + \|P(a)b\| \, \|P(a)S_2(a)c\| \leq$$
$$\leq C(\|S_1(a)\| + \|S_2(a)\|)\|P(a)b\| \, \|P(a)c\|.$$

Hence (1) holds for P with the constant $C(\|S_1(a)\| + \|S_2(a)\|)$.

We might add that we can obviously restrict ourselves to those $(a - \lambda_\mu)^{m_\mu}$, for which $\lambda_\mu \in Sp(a)$. We can, of course, in a natural way interpret Sp(a) as the space of maximal ideals of B.

2. Let $A = (A_n)_0^\infty$ be a positive sequence such that $(A_n n!)_0^\infty$ is submultiplicative on N and $\log(A_n n!) \to -\infty$, as $n \to \infty$.

B_A is the Banach space of all functions $f \in C^\infty(\mathbf{T})$ with finite norm

$$\|f\| = \sum_0^\infty A_n \|f^{(n)}\|_{C(\mathbf{T})} .$$

The submultiplicativity shows that B_A is a Banach algebra under multiplication. For every $m \in \mathbb{Z}$, the element $z^m : t \to e^{imt}$, $t \in \mathbb{T}$, belongs to B_A. Convolution with the Fejèr kernel shows that the elements of the form $\sum_{-m}^{m} a_p z^p$, $a_p \in \mathbb{C}$, $-m \leq p \leq m$, form a dense subset of B_A. Furthermore, $Sp(a) = \mathbb{T} \subset \mathbb{C}$.

<u>Theorem 2.</u> $I = K(I)$ <u>for every closed ideal</u> $I \subset B_A$ <u>such that</u> $K(I)$ <u>has codimension</u> $\leq k$, <u>if we can find, for every</u> m, $1 \leq m \leq k$, <u>a</u> C_m <u>such that</u>

$$(3) \qquad (C_m A_{n+m} n!)_0^\infty$$

<u>is submultiplicative. In particular, finite dimensional spectral synthesis holds for</u> B_A, <u>if the above holds for every</u> $k \in \mathbb{Z}_+$.

<u>Proof</u>. We can obviously apply Theorem 1 and Remark 1 directly with $B = B_A$, $a = z$, if we can prove an inequality of type (1) for every polynomial P of degree m, $1 \leq m \leq k$. By remark 2 it suffices to take $P(z) = (z - \lambda)^m$, $\lambda \in Sp(z)$. Symmetry reasons allow us to restrict the discussion to the case when $\lambda = 1$.

Thus it is enough to prove for every fixed m, $1 \leq m \leq k$, that we can find $C > 0$ such that

$$\|(z-1)^m fg\| \leq C\|(z-1)^m f\| \, \|(z-1)^m g\| ,$$

for $f, g \in B$, i. e. that

$$\|(e^{it} - 1)^{-m} f(t) g(t)\| \leq C\|f\| \, \|g\| ,$$

for all $f, g \in B_A$ which vanish at $t = 0$ together with their derivatives up to the order $m - 1$.

The submultiplicativity of $(A_n n!)_0^\infty$ shows that it suffices to prove an inequality

$$(4) \qquad \|t^{-m} f(t) g(t)\|' \leq C\|f\|' \|g\|' ,$$

where

$$\|h\|' = \sum_{0}^{\infty} A_n \|h^{(n)}\|_{C([-1,1])} ,$$

for every $h \in C^{\infty}[-1,1]$.

It is convenient to introduce the Banach space B_A^m of functions $h \in C^{\infty}[-1,1]$ with a finite norm

$$\|h\|^{(m)} = \sum_{0}^{\infty} C_m A_{n+m} \|h^{(n)}\|_{C[-1,1]} .$$

By (3) this norm is submultiplicative (thus it is a Banach algebra). To prove (4) it is evidently enough to prove that, for some $C > 0$,

$$\left\|\frac{d^m}{dt^m} (t^{-m} f(t)g(t))\right\|^{(m)} \leq C\|f^{(m)}\|^{(m)}\|g^{(m)}\|^{(m)} ,$$

for every $f, g \in C^{\infty}[-1,1]$, vanishing of order m at 0.

For a function $h \in C^m[-1,1]$, vanishing of order m at 0 we have a representation

$$t^{-m+q} h^{(q)}(t) = \int_0^1 \frac{(1-x)^{m-q-1}}{(m-q-1)!} h^{(m)}(tx)dx ,$$

for every q such that $0 \leq q \leq m-1$. Hence there exists a bounded Borel measure μ on $I^2 = [0,1] \times [0,1]$ such that

$$\frac{d^m}{dt^m} (t^{-m} f(t)g(t)) = \int_{I^2} f^{(m)}(xt)g^{(m)}(yt)d\mu(x,y) ,$$

for every $t \in [-1,1]$, and this gives

$$\left\|\frac{d^m}{dt^m} (t^{-m} f(t)g(t))\right\|^{(m)} \leq \int_{I^2} \|f^{(m)}(xt)g^{(m)}(yt)\|^{(m)} |d\mu(x,y)| \leq$$

$$\leq \int_{I^2} \|f^{(m)}(xt)\|^{(m)}\|g^{(m)}(yt)\|^{(m)} |d\mu(x,y)| \leq$$

$$\leq \int_{I^2} |d\mu(x,y)| \|f^{(m)}(t)\|^{(m)}\|g^{(m)}(t)\|^{(m)} ,$$

and Theorem 2 is proved.

We shall also announce an application of Theorem 1 to Banach algebras of Beurling's type. Let $p = (p_n)_{-\infty}^{\infty}$ be a submultiplicative sequence on $\mathbb{Z}$ such that $p_n \geq 1$, $n \in \mathbb{Z}$, and $\log p_n/n \to 0$, as $n \to \infty$. The Banach space B_p is defined as the space of function $f \in C(\mathbb{T})$ with finite norm $\|f\| = \sum_{-\infty}^{\infty} p_n |c_n|$. Here c_n, $n \in \mathbb{Z}$, are the Fourier coefficients. The submultiplicativity shows that B_p is a Banach algebra, and the elements $z^m : t \to e^{imt}$, $t \to \mathbb{T}$, span as before a dense subset of B_p. The spectrum of z is the set $\mathbb{T} \subset \mathbb{C}$. The following theorem is a consequence of Theorem 1 in [1] and of our Theorem 1 and Remark 1.

Theorem 3. $I = K(I)$ <u>for every closed ideal in</u> B_p <u>such that</u> $K(I)$ <u>has codimension</u> $\leq k$, <u>if we can find, for every</u> m, $1 \leq m \leq k$, <u>a</u> C_m <u>such that</u>

$$\sum_{0 \leq \frac{n}{r} \leq 1} + \sum_{0 \leq \frac{n-s}{r} \leq 1} (1 + |r+s-n|)^{m-1} \quad p_n \leq C_m p_r p_s \ ,$$

<u>for every</u> $r, s \in \mathbb{Z}$ <u>with</u> $0 < |r| \leq |s|$. <u>In particular, finite dimensional spectral synthesis holds, if this holds for every</u> $k \in \mathbb{Z}_+$.

Remark 3. The additional conditions in Theorem 2 and 3 are essentially rather mild regularity conditions on the sequences A and p, repectively. As for Theorem 2, we have a Banach algebra for instance if $(\log(A_n n!))_0^{\infty}$ is concave. The assumption in the theorem is fulfilled if $(\log(A_n n!) - k \log n)_1^{\infty}$ is ultimately concave.

As for Theorem 3, B_p is a Banach algebra if both $(\log p_n)_0^{\infty}$ and $(\log p_{-n})_0^{\infty}$ are concave. The assumption in the theorem is fulfilled if $(\log p_n - k \log n)_1^{\infty}$ and $(\log p_{-n} - k \log n)_1^{\infty}$ are ultimately concave.

Remark 4. Both Theorem 2 and Theorem 3 include cases when the Banach algebra forms a quasianalytic class on $\mathbb{T}$. In these cases $K(I)$ has obviously always finite codimension, if $I \neq 0$. Hence all non-trivial closed ideals in such algebras have finite co-dimension, if the "regularity" condition holds for every k.

It should also be mentioned that there are various possibilities to extend Theorem 2 and 3 by considering subalgebras of B_A and B_p, respectively. Thus the corresponding theorems hold trivially as well for the subalgebras of all functions, analytic in $\{z \mid |z| \le 1\}$, and belonging to B_A and B_p, respectively, on the boundary.

3. The aim of this section is to show that the ideas behind the proof of Theorem 1 can be elaborated to apply also in cases when the Banach algebra is not singly generated in the previous sense. The result, Theorem 4, may seem modest, but nevertheless it represents in some respects advances compared with earlier results in [1]. Thus we have now results for non-regular algebras, too. The possibilities of this new method are not yet fully explored, but more general theorems seem to be within reach. As for now, we can only point at the trivial extension of Theorem 4 to corresponding algebras on T^n, $n > 2$.

Let p be an increasing continuous function on R_+, such that $p(t)(1+t)^{-1}$ has a positive lower bound and is submultiplicative. Furthermore we assume that $\log p(t) = o(t)$, as $t \to \infty$. We put $p_{m,n} = p(\sqrt{m^2+n^2})$, $(m,n) \in \mathbb{Z}^2$.

B_p is the Banach space of functions f on $\mathbb{T}^2$ of the form

$$f(t,u) = \sum_{(m,n) \in \mathbb{Z}^2} c_{m,n} e^{i(mt+nu)},$$

$(t,u) \in \mathbb{T}^2$, where all $c_{m,n} \in \mathbb{C}$, with finite norm

$$\|f\| = \sum_{(m,n) \in \mathbb{Z}^2} |c_{m,n}| p_{m,n}.$$

Our assumptions imply that $(p_{m,n})$, $(m,n) \in \mathbb{Z}^2$, is submultiplicative, thus B_p is a Banach algebra under multiplication. The growth assumptions on p

can be used to show that the maximal ideal space of B_p is $\mathbb{T}^2$ in the sense that the non-trivial complex homomorphisms are given by the point evaluations of the elements f.

Theorem 4. $I = K(I)$, *if* I *is a closed ideal in* B_p *such that* $K(I)$ *has co-dimension* 1.

The proof of Theorem 4 uses the following lemma.

Lemma 2. *Let* B'_p *be the normed linear space of complex-valued functions* φ *on* $\mathbb{T}^2$ *with a representation* $\varphi = \varphi_1 + \varphi_2$, *where* φ_1 *and* $\varphi_2 \in C(\mathbb{T}^2)$ *and* $(e^{it} - 1)\varphi_1 \in B_p$, $(e^{iu} - 1)\varphi_2 \in B_p$, *and with the norm*

$$\|\varphi\|' = \inf_{\varphi_1+\varphi_2=\varphi} (\|(e^{it} - 1)\varphi_1\| + \|(e^{iu} - 1)\varphi_2\|) .$$

Then B'_p *is a multiplicative Banach algebra with maximal ideal space* T^2. *Furthermore, every* $f \in B_p$ *with* $f(0,0) = 0$ *can be represented as*

$$f = (e^{it} - 1)f_1 + (e^{iu} - 1)f_2 ,$$

where $f_1, f_2 \in B'_p$.

Proof of Theorem 4. We shall prove the theorem, using Lemma 2. The proof of the lemma is given afterwards.

Let I be a closed ideal in B_p with $K(I)$ of co-dimension 1. Thus $K(I)$ is a maximal ideal, and for symmetry reasons we can restrict ourselves to the case when $K(I)$ corresponds to $(0,0) \in \mathbb{T}^2$.

For every $(t,u) \neq (0,0)$, I thus contains a function f with $f(t,u) \neq 0$. Furthermore I is not included in any ideal of the form

$$\{f | f(0,0) = \alpha f'_t(0,0) + \beta f'_u(0,0) = 0\} \quad , \quad (\alpha,\beta) \neq (0,0) ,$$

since these ideals are closed and of co-dimension 2. Hence I , the elements of which all vanish at $(0,0)$, contains functions for which the first order derivatives take any prescribed pair of complex values.

We denote by I_1 the space of all $f \in I$ for which $f'_t(0,0) = f'_u(0,0)$, and by I_2 the space of all $f \in I$ for which $f'_t(0,0) = -f'_u(0,0)$. Evidently I_1 and I_2 are ideals in B_p.

B_p is included in B'_p and hence we can interpret I , I_1 and I_2 as linear subspaces of B'_p. Each of them generates an ideal (not necessarily closed) in B'_p , and we call these ideals J , J_1 and J_2 , respectively.

We shall first show that J_1 contains a function of the form

$$g_1 = (e^{it} - 1) + (e^{iu} - 1)\, h_1 \quad ,$$

where $h_1 \in B'_p$, $h_1(0,0) = 1$.

To prove this let us first observe that every function f in I_1 has by Lemma 2 a representation

$$(5) \qquad f = (e^{it} - 1)f_1 + (e^{iu} - 1)f_2 \ ,$$

where $f_1, f_2 \in B'_p$. Obviously we have here

$$(6) \qquad f_1(0,0) = f_2(0,0) \ .$$

Apparently representations (5) with (6) exist as well for all $f \in J_1$.

Let us now look at the set L of all f_1 in all representations (5) of elements $f \in J_1$. L is an ideal in B'_p , and since I_1 contains an f with $f_1(0,0) \neq 0$, and moreover all $(e^{iu} - 1)f$, $f \in I$, belong to I_1 , L is not contained in any of the maximal ideals of B'_p. Thus $L = B'_p$, and hence J_1 contains an element of the form

$$g_1 = (e^{it} - 1) + (e^{iu} - 1)h_1 \ ,$$

where $h_1 \in B'_p$. (6) shows that $h_1(0,0) = 1$.

In exactly the same way we can show that J_2 contains an element of the form

$$g_2 = -(e^{it} - 1) + (e^{iu} - 1)h_2 ,$$

where $h_2 \in B'$, $h_2(0,0) = 1$. Thus $g = g_1 + g_2 \in J$ is of the form

$$g = (e^{iu} - 1)\, h ,$$

$h \in B'_p$, $h(0,0) \neq 0$.

Forming the subspace of B'_p of all $f \in J$ of the form $f = (e^{iu} - 1)f_2$, $f_2 \in B'_p$, we can now just as above, prove that J contains the element $e^{iu} - 1$.

But $f \in B'_p$ implies $(e^{it} - 1)(e^{iu} - 1)f \in B_p$, and hence $f \in J$ implies $(e^{it} - 1)(e^{iu} - 1)f \in I$. Thus

$$(7) \qquad (e^{it} - 1)(e^{iu} - 1)^2 \in I ,$$

and analogously

$$(e^{it} - 1)^2(e^{iu} - 1) \in I .$$

It is obvious that it suffices to show that $(e^{it} - 1)^3 \in I$ and $(e^{iu} - 1)^3 \in I$ in order to conclude that I has a finite co-dimension.

We can restrict ourselves to proving $(e^{iu} - 1)^3 \in I$, which now is rather easy, using (7) and Theorem 3.

Suppose that $(e^{iu} - 1)^3 \notin I$. Then there exists a bounded linear functional F on B_p, not annihilating $(e^{iu} - 1)^3$ but annihilating I. We introduce a functional G on B_p, defined by

$$\langle G,f\rangle = \langle F,\, f(e^{iu} - 1)^2\rangle ,$$

for every $f \in B_p$. Since B_p is a Banach algebra, G is a bounded linear functional on B_p.

Now (7) and the fact that F annihilates I show that G annihilates every element of the form $(e^{it} - 1)f$, $f \in B_p$. Taking the closure of the subspace of these elements, we see that G annihilates the closed subspace $A \subset B_p$ of all functions vanishing for $t = 0$. This means that G corresponds to a bounded linear functional G_o on B_p/A in the sense that

$$\langle G,f\rangle = \langle G_o,f_o\rangle ,$$

where f_o is the element in B_p/A corresponding to $f \in B_p$. But B_p/A can be interpreted as the Banach space of functions $f_o \in C(\mathbf{T})$ with

$$f_o(u) \sim \sum_{-\infty}^{\infty} c_n e^{inu} ,$$

$u \in \mathbf{T}$, and norm

$$\|f_o\| = \sum_{-\infty}^{\infty} p_{o,n}|c_n|.$$

For $f \in B_p/A$ the corresponding f_o is the function $u \to f(0,u)$ on $\mathbf{T}$.

The algebra B_p/A satisfies all conditions that are needed in order to have Theorem 3 fulfilled for the case when $K(I)$ has co-dimension 1. Hence we can conclude that the restrictions of the functions in I to $\{(t,u)|t = 0\}$, interpreted as functions in B_p/A, form an ideal in B_p/A which contains $u \to e^{iu} - 1$. But G_o annihilates this ideal, hence

$$\langle G_o, e^{iu} - 1\rangle = 0.$$

This shows that

$$\langle F, (e^{iu} - 1)^3\rangle = \langle G, e^{iu} - 1\rangle = 0 ,$$

a contradiction.

Proof of Lemma 2. For every $f \in B_p$ with $f(0,0) = 0$,

$$f(t,u) = (f(t,u) - f(0,u)) + f(0,u)$$

is a representation of f as a sum of two elements in B_p. Since the terms are continuous multiples of $e^{it} - 1$ and $e^{iu} - 1$, respectively, we have a representation of the kind desired.

It remains to show that B'_p is a Banach algebra with maximal ideal space $\mathbf{T}^2$. The normed linear space of all continuous φ_1 with finite norm $\|(e^{it}-1)\varphi_1\|$ is a Banach space B^t_p, similarly the normed linear space B^u_p of continuous φ_2 with finite norm $\|(e^{iu}-1)\varphi_2\|$, and since B'_p can be interpreted as $B^t_p \times B^u_p/L$ where L is the closed subspace of all $(\varphi_1,\varphi_2) \in B^t_p \times B^u_p$ with $\varphi_1 + \varphi_2 = 0$, B'_p is itself a Banach space. B_p is dense in B'_p, and form this it is easy to deduce that if B'_p is a Banach algebra, then its maximal ideal space is $\mathbf{T}^2$.

It remains to prove that for some $C > 0$,

$$\|\varphi\varphi'\|' \leq C\|\varphi\|'\|\varphi'\|',$$

for $\varphi, \varphi' \in B'_p$. It suffices to prove

(i) $$\|(e^{it}-1)\varphi\varphi'\| \leq C\|(e^{it}-1)\varphi\|\|(e^{it}-1)\varphi'\|$$

(ii) $$\|(e^{iu}-1)\varphi\varphi'\| \leq C\|(e^{iu}-1)\varphi\|\|(e^{iu}-1)\varphi'\|$$

(iii) $$\|(e^{it}-1)\psi_1\| + \|(e^{iu}-1)\psi_2\| \leq C\|(e^{it}-1)\varphi\|\|(e^{iu}-1)\varphi'\|,$$

for every $\varphi, \varphi' \in C^\infty(\mathbf{T}^2)$, and suitably chosen $\psi_1,\psi_2 \in C^\infty(\mathbf{T}^2)$ with $\psi_1 + \psi_2 = \varphi\varphi'$.

We write, for $(t,u) \in \mathbf{T}^2$

$$(e^{it}-1)\varphi(t,u) = \sum_{m,n} c_{m,n}\, e^{i(mt+nu)} = \sum_{m,n} c_{m,n}\,(e^{imt}-1)\, e^{inu},$$

corresponding to

$$\varphi(t,u) = \sum_{m,n} c_{m,n}\,(e^{i(m-1)t} + e^{imt} + \dots + 1)e^{inu},$$

with the parenthesis interpreted as 0, if $m = 0$. Since

$$\|(e^{it}-1)\varphi(t,u)\| = \sum p_{m,n}|c_{m,n}| \geq \tfrac{1}{2} \sum_{m,n} \|c_{m,n}\,(e^{imt}-1)e^{inu}\|,$$

and corresponding relations hold for $(e^{it}-1)\varphi'(t,u)$, it suffices to prove (i) for φ and φ' of the form

$$\begin{cases} \varphi = \dfrac{(e^{im_1t}-1)e^{in_1u}}{e^{it}-1} \\ \\ \varphi' = \dfrac{(e^{im_2t}-1)e^{in_2u}}{e^{it}-1} \end{cases}$$

For $0 < m_2 \le m_1$, we have then

$$(e^{it}-1)\varphi\varphi' = [(e^{i(m_1+m_2-1)t}+\ldots+e^{im_1t}) - (e^{i(m_2-1)t}+\ldots+1)]e^{i(n_1+n_2)u}$$

and hence the left hand member of (i) is

$$\le 2m_2 p_{m_1+m_2,n_1+n_2} .$$

By the assumptions on p , this is for some $C > 0$

$$\le C\, p_{m_1,n_1}\, p_{m_2,n_2} \le C\, \|(e^{it}-1)\varphi\| \|(e^{it}-1)\varphi'\| .$$

Similar estimates can be made for the remaining sets of values taken by (m_1,m_2) , and hence (i) is proved. (ii) is of course proved in the same way.

In the proof of (iii) we can by the same arguments restrict the discussion to the case when

$$\begin{cases} \varphi = \dfrac{(e^{im_1t}-1)e^{in_1u}}{e^{it}-1} \\ \\ \varphi' = \dfrac{(e^{in_2u}-1)e^{im_2t}}{e^{iu}-1} \end{cases} .$$

We look at the case when $0 < n_2 \le m_1$. Then we choose $\psi_1 = \varphi\varphi'$, $\psi_2 = 0$, and the left hand member of (iii) becomes

$$\|(e^{it} - 1)\varphi\varphi'\| = \|(e^{i(n_2-1)u} + \ldots + 1)(e^{im_1 t} - 1)e^{in_1 u} e^{im_2 t}\| \leq$$

$$\leq 2n_2 \cdot p_{m_1+m_2, n_1+n_2} \leq C\, p_{m_1, n_1} p_{m_2, n_2} ,$$

for some C. The remaining cases are treated similarly, and the lemma is proved.

4. It is very easy to give examples of Banach algebras where finite-dimensional spectral synthesis fails. One such example is given here, a simple but very little studied radical algebra.

Let p be positive, continuous and submultiplicative on $\mathbb{R}^+$, and let $\log p(t) \to -\infty$ as $t \to \infty$. Then we form the Banach algebra B_p of all Borel measures μ, absolutely continuous, except at $t = 0$, with respect to the Lebesgue measure, and with bounded norm

$$\|\mu\| = \int_0^\infty p(t)\ |d\mu(t)| .$$

The submultiplicativity shows that B_p is a Banach algebra under convolution. It is commutative, and the only non-trivial homomorphism is given by mapping μ into the mass of μ at $t = 0$. Except for the only maximal ideal, all closed ideals in B_p have infinite co-dimension. Thus finite-dimensional spectral synthesis is disproved as soon as we can find a closed ideal, different from B_p, the maximal ideal and the 0 ideal. In fact there exists a one-parameter family of such ideals, the ideals I_α of measures in B_p, vanishing on $[0,\alpha]$, $\alpha \in \mathbb{R}_+$.

For this algebra, a very interesting open problem is to examine whether B_p contains other closed ideals than the ideals mentioned. In a limit case, when $p \equiv 1$, on $[0,1]$, $p \equiv 0$ on $[1,\infty]$, the corresponding convolution Banach algebra has by Titchmarsh's theorem I_α, $0 \leq \alpha \leq 1$, as its only proper ideals.

References

[1] Y. DOMAR, On the ideal structure of certain Banach algebras. Math. Scand. 14, 197-212 (1964)

[2] Y. DOMAR, Primary ideals in Beurling algebras. Math. Z. 126, 361-367 (1972)

ON CONVOLUTION EQUATIONS I

C.A. BERENSTEIN and M.A. DOSTAL+)

Various additive formulae for supports and singular supports of convolutions are studied in terms of the Fourier transform in complex domain. Part of the material presented below was announced in our note [4]. The authors wish to thank Professor L. Hörmander for his most hepful comments.

§ 1 - Notation and Auxiliary Facts -

Throughout this note we shall use the standard notation of the theory of distributions (cf. [22, 15]). In particular, $\mathcal{E}' = \mathcal{E}'(\mathbb{R}^n)$ is the convolution algebra of distributions with compact support in $\mathbb{R}^n$. For $\Phi \in \mathcal{E}'$, $\check{\Phi}$ denotes the distribution symmetric to Φ, and $\hat{\Phi}$ is the Fourier transform of Φ, i.e. $\hat{\Phi}(\zeta) = \Phi(e^{-i <x,\zeta>})$ where $\zeta = \xi + i\eta \in \mathbb{C}^n$ and $<x, \zeta> = \sum_{j=1}^{n} x_j \zeta_j$. We write $\omega(\xi) = \log(2 + |\xi|)$, $\xi \in \mathbb{R}^n$. The convex hull of the set supp Φ (sing supp Φ resp.) will be denoted by $[\Phi]$ ($\{\Phi\}$ resp.).

If A and B are two subsets of $\mathbb{R}^n$, $A \pm B$ means the set of all points $x \pm y$ for $x \in A$ and $y \in B$. Similarly,

$$(1) \qquad A + B \subseteq C \quad \Rightarrow \quad A \subseteq C - B ,$$

the converse being obviously false.

Let $\mathcal{K}$ be the class of all compact sets in $\mathbb{R}^n$.
For each $K \in \mathcal{K}$, set

$$(2) \qquad h_K(\xi) = \sup_{x \in K} <x, \xi> \qquad (\xi \in \mathbb{R}^n) .$$

Hence $h_\emptyset \equiv -\infty$. Let $\mathcal{H}$ be the class of all support functions in $\mathbb{R}^n$, i.e. the class consisting of the constant function $-\infty$ and all finite (hence continuous) func-

+) The first author was partially supported by the U.S.Army Office of Research (Durham).

tions $h(\xi)$ defined on $\mathbb{R}^n$ such that

(3) $h(c\xi) = c.h(\xi) \quad (c \geq 0) \quad ; \quad h(\xi_1 + \xi_2) \leq h(\xi_1) + h(\xi_2)$.

Formula (2) defines a mapping $I : K \longrightarrow h_K$ of the class $\mathcal{K}$ into $\mathcal{H}$. Conversely, if we set for every $h \in \mathcal{H}$,

(4) $$K_h = \{x : \langle x, \xi\rangle \leq h(\xi), \ \forall \xi\} ,$$

then $J : h \to K_h$ is a mapping of $\mathcal{H}$ into $\mathcal{K}$ such that $I \circ J$ and $J \circ I$ are identity mappings of classes $\mathcal{H}$ and $\mathcal{K}$ respectively (cf. [21]). Moreover, this natural correspondence between $\mathcal{K}$ and $\mathcal{H}$ is in a certain sense linear and positive :

<u>Lemma</u> 1 : Given $K_1, K_2 \in \mathcal{K}$ and $a \geq 0$, we have

(5) $$K_2 = a K_1 \quad \text{iff} \quad h_{K_2} = a h_{K_1} ,$$

and

(6) $$K_3 = K_1 + K_2 \quad \text{iff} \quad h_{K_3} = h_{K_1} + h_{K_2} .$$

Moreover, $K_1 \underset{\neq}{\subset} K_2$ iff $h_{K_1} \leq h_{K_2}$ and for some $\xi_0 \in \mathbb{R}^n$ $h_{K_1}(\xi_0) < h_{K_2}(\xi_0)$.

The proof of this lemma is simple and can be found, e.g., in [21].

<u>Corollary</u> 1 : Let A_1, A and B be non-empty sets in $\mathcal{K}$ such that $A \subseteq A_1$ and $A_1 + B \subseteq A + B$. Then $A_1 = A$.

If Ω is an open convex set in $\mathbb{R}^n$, one can still define its support function h_Ω by formula (2) ; the function h_Ω satisfies (3), but for Ω unbounded, h_Ω is only lower-semicontinuous, and for some values of ξ, $h_\Omega(\xi) = +\infty$.

<u>Lemma</u> 2 : Let $K \in \mathcal{K}$ and Ω be a convex open set such that $\emptyset \neq K \subset \Omega \underset{\neq}{\subset} \mathbb{R}^n$. Then, for some $x_0 \in \partial K$, $y_0 \in \partial\Omega$, and $|\xi_0| = 1$,

(7) $$\mathrm{dist}\,(K, \partial\Omega) = |x_o - y_o| = h_\Omega(\xi_o) - h_K(\xi_o).$$

If Ω is a halfspace $\{x : \langle x, \xi\rangle < d\}$, where $d \in \mathbb{R}$ and $|\tilde{\xi}| = 1$, then

(8) $$\mathrm{dist}(K, \partial\Omega) = d - h_K(\tilde{\xi}).$$

The proof follows easily from the lower-semicontinuity of the function $h_\Omega(\xi) - h_K(\xi)$ considered on the compact set $S^{n-1} = \{\xi \in \mathbb{R}^n : |\xi| = 1\}$.

Let E and F be Hausdorff locally convex spaces and $T \in L(E, F)$. Then T is said to be a homomorphism (weak homomorphism resp.) if the mapping $T : E \to TE$ is open (open in the weak topologies resp.). The next statement is the consequence of a theorem due to M. De Wilde [7] :

Lemma 3 : Let E be a Schwartz space and F an inductive limit of metrizable spaces. Consider an injective mapping $T \in L(E, F)$. Then the following properties are equivalent :

(a) T is a homomorphism ;

(b) T is a weak homomorphism ;

(c) $T'F' = E'$.

For the proof and discussion of related results, cf. [11].

§ 2 - Additive Formulae for Supports and Singular Supports -

The starting point for our discussion is the well-known Titchmarsh-Lions theorem on supports [18, 22], which asserts that

(A) $$[\Phi * \psi] = [\Phi] + [\Phi] \text{ for all } \Phi, \psi \in \mathcal{E}' .$$

This theorem is known to have many important applications in analysis. (Observe that (A) also implies that the ring $\mathcal{E}'$ has no zero divisors [1]). One can show that the analogous equality for singular supports

1) An elementary proof of this fact can be found in [20] where it is shown how this can be used as a basis for Mikusinski's operational calculus.

(B) $$\{\Phi * \psi\} = \{\Phi\} + \{\psi\}$$

does not hold for all $\Phi, \psi \in \mathcal{E}'$. In fact, even the weaker form of (B) (cf.(1)),

(B_0) $$\{\psi\} \subseteq \{\Phi * \psi\} - \{\Phi\}$$

need not hold for particular Φ and ψ (cf. [12, 17]).
In view of the obvious inclusion

(9) $$\text{sing supp } (\Phi * \psi) \subseteq \text{sing sup } \Phi + \text{sing supp } \psi \quad ,$$

which holds for all $\Phi, \psi \in \mathcal{D}'$, the relation (B) is actually equivalent to

(B') $$\{\Phi * \psi\} \supseteq \{\Phi\} + \{\psi\} \quad .$$

This importance of relations (B) and (B_0) for solving convolution equations in the spaces of distributions was first recognized by L. Hörmander who studied them in great detail ([15, 16, 17] ; cf. also [8, 9]). Hence it is natural to ask for the significance of other additive formulae similar to (A) and (B).

In addition to (A) and (B) we have the following four additive relations of "mixed" type :

(C_Φ) $$[\Phi * \psi] = \{\Phi\} + [\psi] \quad ,$$

(D_Φ) $$\{\Phi * \psi\} = [\Phi] + \{\psi\} \quad ,$$

(E) $$[\Phi * \psi] = \{\Phi\} + \{\psi\} \quad ,$$

(F) $$\{\Phi * \psi\} = [\Phi] + [\psi] \quad ,$$

to which one must add the formulae (C_ψ) and (D_ψ) symmetric to (C_Φ) and (D_Φ).
Combining Corollary 1 with (A) and (9) it is easy to establish :

Lemma 4 : Given $\Phi, \psi \in \mathcal{E}'$, the following equivalences hold :
$(C_\Phi) \Leftrightarrow \{\Phi\} = [\Phi]$; $(D_\Phi) \Leftrightarrow (B) \,\&\, (C_\Phi)$; $(E) \Leftrightarrow (C_\Phi) \,\&\, (C_\psi)$; and

$(F) \Leftrightarrow (B)$ & (C_Φ) & (C_ψ).

Since convolutions are usually studied as linear operators T acting by the formula

(10) $$T : \psi \longmapsto \Phi * \psi$$

on various subspaces of the space $\mathcal{D}'$, it is obviously more important to know when an additive formula of one of the above types holds for a fixed Φ and an arbitrary $\psi \in \mathcal{E}'$, rather than when it is satisfied for special pairs of Φ and ψ. From this point of view it is clear (cf. Lemma 4) that formulae (E), (F), (C_ψ) and (D_ψ) are not interesting. Furhtermore, since (C_Φ) simply means $\{\Phi\} = [\Phi]$, we are left with (B) and (D_Φ).

Henceforth (B), ((B_0) or (D) resp.) will denote the class of all $\Phi \in \mathcal{E}'$ such that the formula (B) ((B_0), (D_Φ) resp.) holds for Φ and an arbitrary $\psi \in \mathcal{E}'$. It is easy to see that (D) is a proper subclass of (B). Our main objective in this note is to obtain further information on the class (D) - and thus also on (B) - along similar lines as it was done for the class (B_0) by L. Ehrenpreis and L. Hörmander (cf. [12, 17]). However our results are much less complete than those of [12, 17] concerning (B_0). It should be mentioned though, that despite some formal similarity (cf. Proposition 1) there seem to be significant differences between the class (B_0) and the classes (B) and (D) (cf. the remarks at the end of this paper).

§ 3 - A Functional Analytic Characterization of the class (D) -

The main results of Ehrenpreis and Hörmander on the class (B_0) can be summarized as follows :

THEOREM (cf. [12, 17] : The following properties are equivalent :

(a) $\Phi \in (B_0)$.

(b) The convolution mapping (10), considered as $T = \Phi * : \mathcal{D} \to \mathcal{D}$, is a homomorphism [2].

(c) The operator $(\Phi *)' = \Phi *$, which is adjoint to the mapping T of (b), is surjective : $\Phi * \mathcal{D}' = \mathcal{D}'$.

(d) If $\psi \in \mathcal{E}'$ is such that $\Phi * \psi \in C_0^\infty$, then $\psi \in C_0^\infty$.

(e) There exists a positive constant A such that for all $\xi \in \mathbb{R}^n$,

(11) $$\sup \{|\hat{\Phi}(\sigma)| : \sigma \in \mathbb{R}^n , |\xi - \sigma| \leq A\omega(\xi)\} \geq (A + |\xi|)^{-A} .$$

Remarks : 1) Because of property (c), distributions of class (B_0) are usually called invertible ; and, in view of (e), their Fourier transforms are said to be slowly decreasing.

2) The equivalences (b) ⇔ (c) ⇔ (d) ⇔ (e) were established by Ehrenpreis [12][3]. Condition (a) was related to conditions (b) - (e) by Hörmander [17] who proved the non-trivial implication (e) ⇒ (a). On the other hand, (a) trivially implies (d).

The equivalence (a) ⇔ (b) in the above theorem can be viewed as a description of the class (B_0) in terms of functional analysis, while the equivalence (a) ⇔ (e) is obviously a characterization of (B_0) in terms of Fourier analysis. In this section we shall give a similar characterization of distributions in (D) by means of their functional analytic properties.

First we need some additional notation. Given $\Phi \in \mathcal{E}'$, we call an open convex set Ω a Φ-set, if there is an open set Ω' such that $\Omega' + [\Phi] \subseteq \Omega$. Let Ω_Φ be the largest open set Ω' with this property. Then Ω_Φ is also convex. Conversely, given any open convex Ω, set $\Omega^\Phi = \Omega + [\Phi]$. It is easy to see that $(\Omega^\Phi)_\Phi = \Omega$ and $(\Omega_\Phi)^\Phi \subseteq \Omega$ [4]. However, for certain Ω and Φ we may have $(\Omega_\Phi)^\Phi \subsetneq \Omega$.

---

2) $\mathcal{D} = \mathcal{D}(\mathbb{R}^n)$; by (A), T is injective.

3) The equivalence (b) ⇔ (c) also follows from Lemma 3.

4) If Ω is an open halfspace, then $(\Omega_\Phi)^\Phi = \Omega$.

Example : Take for $\Omega \subset \mathbb{R}^2$ the open triangle with vertices $(\pm 2, 0)$, $(0, 2)$, and for Φ any distribution with support consisting of the two points $(\pm 1, 0)$. Then Ω_Φ is the open triangle with vertices $(\pm 1, 0)$ and $(0, 1)$, and $(\Omega_\Phi)^\Phi$ is the tetragon with vertices $(\pm 2, 0)$, $(\pm 1, 1)$).

Proposition 1 : The following properties are equivalent : (α) $\Phi \in (D)$.

(β_1) For every open halfspace Ω, the mapping $T : \mathfrak{D}(\Omega) \to \mathfrak{D}(\Omega^\Phi)$ defined in (10), is a homomorphism.

(β_1') For every Ω as in (β_1), the adjoint mapping T' is surjective : $T'(\mathfrak{D}'(\Omega^\Phi)) = \mathfrak{D}'(\Omega)$.

(β_2) The same condition as (β_1) but with Ω being an arbitrary open convex set.

(β_2') Condition dual to (β_2) cf. (β_1')).

(β_3) For every Φ-set Ω, the mapping $T : \mathfrak{D}(\Omega_\Phi) \longrightarrow \mathfrak{D}(\Omega)$, with T defined in (10), is a homomorphism.

(β_3') Condition dual to (β_3) : $T'(\mathfrak{D}'(\Omega)) = \mathfrak{D}'(\Omega_\Phi)$.

Proof : By Lemma 3, $(\beta_i) \Leftrightarrow (\beta_i')$ for $i = 1, 2, 3$. The implications $(\beta_{i+1}) \Rightarrow (\beta_i)$, $i = 1, 2$, being trivial, it suffices to show that $(\beta_1) \Rightarrow (\alpha) \Rightarrow (\beta_3')$. The proof of these statements is based on the main result on convolution equations, which is due to Hörmander [15] :

Let $\Phi \in \mathcal{E}'$ be a given distribution and G_1 and G_2 open (but not necessarily convex) sets such that $G_1 + \operatorname{supp} \Phi \subseteq G_2$. Then the mapping $T : \mathfrak{D}(G_1) \to \mathfrak{D}(G_2)$ defined in (10) is a homomorphism (or equivalently by Lemma 3, $T'(\mathfrak{D}'(G_2)) = \mathfrak{D}'(G_1)$) iff Φ is invertible and for every $\psi \in \mathcal{E}'(G_1)$,

(12) $$\operatorname{dist}([\psi], \partial G_1) = \operatorname{dist}([\Phi * \psi], \partial G_2),$$

(13) $$\operatorname{dist}(\{\psi\}, \partial G_1) = \operatorname{dist}(\{\Phi * \psi\}, \partial G_2).$$

Assume (α). Then $\Phi \in (D) \subset (B_0)$. Hence by the above theorem, Φ is invertible. If Ω is any Φ-set, then formula (A) together with Lemma 2 easily give (12). Similarly, (13) follows from (B). This proves (β_3'). Thus it remains to verify $(\beta_1) \Rightarrow (\alpha)$. By Lemma 1 we must show that

$$(14) \qquad h_{\{\Phi * \psi\}}(\xi) = h_{[\Phi]}(\xi) + h_{\{\xi\}}(\xi)$$

for any $\psi \in \mathcal{E}'$ and all $\xi \in \mathbb{R}^n$. Fix ψ and ξ. We may assume $\{\psi\} \neq \phi$ and $|\xi| = 1$. Set $\Omega = \{x : \langle x, \xi\rangle < h_{[\psi]}(\xi) + 1\}$. Then (β_1) combined with (13) and (8) yields

$$(15) \qquad h_\Omega(\xi) - h_{\{\psi\}}(\xi) = h_{\Omega^\Phi}(\xi) - h_{\{\Phi * \psi\}}(\xi).$$

Since by (A),

$$\Omega^\Phi = \{x : \langle x, \xi\rangle < h_{[\psi]}(\xi) + 1 + h_{[\Phi]}(\xi)\} \quad ,$$

equation (14) follows from (15). This completes the proof of Proposition 1.

<u>Remarks</u> : 1) In conditions (β_3) and (β_3') we could have obviously taken instead of Ω_Φ any open convex set Ω' such that $\Omega' + \operatorname{supp} \Phi \subseteq \Omega$.

2) Comparing the equivalence (a) $\Leftrightarrow$ (b) in the above theorem with the equivalence $(\alpha) \Leftrightarrow (\beta_1)$ in Proposition 1, it is natural to ask for a similar characterization of the class (B) which is between the classes (D) and (B_0).

§ 4 - Classes of Entire Fucntions Related to (D) -

Next we should like to have a characterization of distributions in (D) in terms of their Fourier transforms. We were able to find only a sufficient condition (cf. Proposition 2). On the other hand, the example discussed in Proposition 7 indicates that the restrictions on $\hat{\Phi}$ when $\Phi \in (D)$ (or $\Phi \in (B)$) must be of different nature than condition (e) in the theorem of § 3.

It was observed in [5] and [10] that if $\Phi \in \mathcal{E}'$ is such that its Fourier transform $\hat{\Phi}$ satisfies good lower estimates in the complex space, then condition (β_2) of Proposition 1 trivially follows. We are thus led to the class $\mathfrak{R}$ defined below. This class and the related classes $\mathfrak{R}_0$ and $\mathfrak{R}_\omega$ are also interesting because of the fact that many important distributions belong to them (cf. Proposition 6).

First let us recall the following notation. $\Delta(\zeta\ ;\ r)$ denotes the polydisk $\{z \in \mathbb{C}^n : \max_j |z_j - \zeta_j| \le r\}$ and $\dot{\Delta} = \dot{\Delta}\ (\zeta\ ;\ r)$ is its distinguished boundary. If g is an entire function in $\mathbb{C}^n$, set

$$|g(\zeta)|_r = \max_{z \in \dot{\Delta}(\zeta\ ;\ r)} |g(z)| \qquad (r > 0\ ;\ \zeta \in \mathbb{C}^n) \quad .$$

<u>Definition</u> 1 : $\mathfrak{R}_\omega$ is the class of distributions $\Phi \in \mathcal{E}'$ such that for some constants $t \ge 0$, $r > 0$, $c > 0$ and A real (all depending on Φ), we have

$$|\hat{\Phi}(\zeta)|_r \ge c \exp\,[A\omega(\xi) + h_{[\Phi]}(\eta)] \tag{16}$$

for all $\zeta = \xi + i\eta$ such that $|\xi| \ge t$ and $|\eta| \ge t\omega(\xi)$. Set $\mathfrak{R} = \{\Phi \in \mathfrak{R}_\omega\ :\ t = t(\Phi) = 0\}$. Finally, $\mathfrak{R}_0$ is the class of all $\Phi \in \mathcal{E}'$ for which there exists a real constant A such that for every $r > 0$ one can find $c > 0$ so that (16) holds for all $\zeta \in \mathbb{C}^n$.

<u>Proposition</u> 2 : $\mathfrak{R}_\omega \subseteq (D)$.

Proof : Using a suitable description of the space $\hat{\mathfrak{D}}(\Omega)$, it is easy to show that every $\Phi \in \mathfrak{R}$ satisfies condition (β_2) of Proposition 1 (cf. [10], Th. 2). Hence $\mathfrak{R} \subseteq (D)$. This proof does not seem to generalize easily to the class $\mathfrak{R}_\omega$ 5). Using a more complicated description of the set $\{\Phi\}$ in terms of the Fourier transform $\hat{\Phi}$, we gave in [5] a different proof of $\mathfrak{R} \subseteq (D)$. The same proof actually

5) Actually such a generalization represents an interesting problem.

gives $\mathfrak{R}_\omega \subseteq (D)$.

The Paley-Wiener - Schwartz theorem implies immediately the next statement :

Proposition 3 : If $\Phi \in \mathfrak{R}_\omega$ and $\psi \in \mathcal{E}'$ is such that $[\psi] \subset \mathrm{int}\,[\Phi]$, then $\Phi + \psi \in \mathfrak{R}_\omega$.

In the next proposition, $f\,\Phi$ denotes the product of a distribution Φ with a C^∞-function f (cf. [22]) :

Proposition 4 : If $\Phi \in \mathcal{E}'$ and f is a restriction to $\mathbb{R}^n$ of an entire function of exponential type, then $f\,\Phi \in \mathfrak{R}_\omega$ ($\mathfrak{R}$ resp.) implies $\Phi \in \mathfrak{R}_\omega$ ($\mathfrak{R}$ resp.). The same statement holds for $\mathfrak{R}_0$ if f is a restriction of an entire function of at most minimal type.

Proof : For the sake of simplicity we shall assume $n = 1$. Hence

$$f(x) = \sum_{k=0}^{\infty} a_k x^k$$

is a power series converging in $\mathbb{R}^n$. We first observe that

$$\sum_{k=0}^{N} a_k x^k e^{-ix\zeta} \longrightarrow f(x)\, e^{-ix\zeta} \qquad (\text{as } N \to \infty)$$

in the space $\mathcal{E}$ (and locally uniformly in $\zeta \in \mathbb{C}^n$). Hence

$$\widehat{f\,\Phi}(\zeta) = \sum_{k=0}^{\infty} a_k\, \Phi(x^k e^{-ix\zeta}) = \sum_{k=0}^{\infty} a_k\, (-i)^k\, \hat{\Phi}^{(k)}(\zeta) \quad .$$

Thus

$$(17) \qquad |\widehat{f\,\Phi}(\zeta)| \le \sum_{k=0}^{\infty} |a_k| \frac{k!}{2\pi} \int_{\dot{\Delta}(\zeta;r)} \frac{|\hat{\Phi}(w)|\,|dw|}{r^{k+1}} \le \alpha(r)\,|\hat{\Phi}(\zeta)|_r \quad ,$$

where

$$\alpha(r) = \sum_{k=0}^{\infty} |a_k|\, k!\, r^{-k} \quad .$$

Hence if $\alpha(r) < \infty$, we can apply (16) to $f\,\Phi$, and noting that $[f\Phi] = [\Phi]$, we obtain the proposition. But $\alpha(r) < \infty$ for some $r > 0$ iff f is of exponential type ; and $\alpha(r) < \infty$ for all $r > 0$ iff f is at most of minimal type. This proves the proposition if $n = 1$. For $n > 1$ the proof is similar. (For the necessary facts on entire functions in several variables, cf. [21]).

<u>Remark</u> : The converse to Proposition 4 is obviously false. Indeed, consider $\Phi = \delta$ and $f(x) = x$. Then $f\,\Phi = 0 \notin \mathcal{R}_\omega$. Using a procedure of [17], one can give non-trivial examples of this kind, in which $f\,\Phi$ fails to be in $\mathcal{R}_\omega$ because $f\,\Phi \notin (B)$.

<u>Proposition</u> 5 : <u>Let</u> R <u>be one of the classes</u> $\mathcal{R}_0$, $\mathcal{R}$ <u>or</u> $\mathcal{R}_\omega$. <u>Then the following holds</u> :

(i) <u>If</u> $\Phi, \psi \in R$, <u>then</u> $\Phi * \psi \in R$.

(ii) <u>If</u> $\Phi, \psi \in \mathcal{E}'$ <u>are much that</u> $\Phi * \psi \in R$, <u>then</u> $\Phi, \psi \in R$.

(iii) <u>If</u> $\Phi \in R$ <u>and</u> $\psi \in \mathcal{E}'$ <u>are such that</u> $\hat{\Phi}/\hat{\psi}$ <u>is entire</u>, <u>then</u> $\hat{\Phi}/\hat{\psi} \in R$.

Proof : We showed in [5] that inequality (16) implies

$$(18) \qquad |\hat{\Phi}(\zeta)\,\hat{\psi}(\zeta)|_r \geq |\hat{\psi}(\zeta)|\ c \exp\,[A\omega(\xi) + h_{[\Phi]}(\eta)]$$

for arbitrary entire function $\hat{\psi}$. (i) then easily follows from (18). To prove (ii), let us first observe that by the Paley-Wiener-Schwartz theorem,

$$c.\exp[A\omega(\xi) + h_{[\Phi\,*\,\psi]}(\eta)] \leq |\hat{\Phi}(\zeta)\,\hat{\psi}(\zeta)|_r \leq |\hat{\Phi}(\zeta)|_r\ c'\ \exp[A'\omega(\xi) + h_{[\psi]}(\eta)] \quad .$$

Hence it suffices to apply (A). If Φ and ψ are as in (iii), then by [19], $\hat{\Phi}/\hat{\psi} \in \hat{\mathcal{E}}'$. Thus we may apply (ii).

<u>Remark</u> : Properties (i) and (ii) in the previous proposition mean that each of the classes $\mathcal{R}_0$, $\mathcal{R}$ and $\mathcal{R}_\omega$ is a multiplicatively closed and saturated subset of the algebra $\mathcal{E}'$. Therefore, each of the sets $\mathcal{E}' \setminus \mathcal{R}_\omega$, $\mathcal{E}' \setminus \mathcal{R}_0$ and

$\mathcal{E}' \setminus \mathfrak{R}$ is a union of prime ideals of the algebra $\mathcal{E}'$ (cf. [1]). It is clear that this would not be the case if we replaced $h_{[\Phi]}$ in (16) by $h_{\{\Phi\}}$.

The next proposition shows that the classes R contain several interesting elements :

Proposition 6 : The class $\mathfrak{R}_0$ contains any distribution satisfying one of the following conditions :

(a) Φ has discrete (hence finite) support ;

(b) Φ is defined by the characteristic function χ_P of an arbitrary compact polyhedron ;

(c) Φ is defined by $\chi_{\partial P}$ where P is as in (b) and $\chi_{\partial P}$ is the uniform distribution of mass on ∂P.

Proof : If the support of Φ consists of one point, then $\Phi \in \mathfrak{R}_0$ according to [19]. If Φ has a finite support, we can find a polynomial f such that supp($f\Phi$) will contain only one point. Then (a) follows from the preceding case by Proposition 4. Similarly (b) and (c) follow from (a), if we apply to Φ a suitable differential operator P(D) such that P(D) χ_P (or P(D) $\chi_{\partial P}$) has a finite support. Then it suffices to apply Proposition 5 (i).

Proposition 5 (b), (c) suggests the following question :

Can one take in (b) (or (c)) for P a convex compact set with a smooth boundary ?

The answer is rather surprising :

Proposition 7 : Let B be any ellipsoid in $\mathbb{R}^n$ $(n > 1)$ and denote by χ_B the distribution defined by the characteristic function of the set B. Then $\chi_B \notin \mathfrak{R}_\omega$.

Proof : First let us observe that the case of a general ellipsoid can be reduced by means of a linear change of coordinates to the special case of $B = \{x : |x| = \langle x, x\rangle \leq 1\}$. By using a well-known formula for the Fourier transform of rotation invariant functions (cf. [6], p. 187, formula 15) and the formula (5) on p. 46 of [23], we get

$$\hat{\chi}_B(\xi) = k_n \, J_{n/2}((|\xi|) \, . \, |\xi|^{-n/2} \qquad (\xi \in \mathbb{R}^n) \tag{19}$$

where $J_{n/2}$ is a Bessel function and k_n some constant. It follows from formula (8) on p. 40 of [23] that the right-hand side in (19) is a restriction to $\mathbb{R}^n$ of an entire function. Hence for any $\zeta = \xi + i\,\eta = (\zeta_1, \ldots, \zeta_n) \in \mathbb{C}^n$,

$$\hat{\chi}_B(\zeta) = k_n \cdot J_{n/2}((\zeta_1^2 + \ldots + \zeta_n^2)^{\frac{1}{2}} . (\zeta_1^2 + \ldots + \zeta_n^2)^{n/4} \, . \tag{20}$$

Fix $r > 0$ and consider the set A of the points ζ such that

$$\langle \xi, \eta\rangle = \xi_1 \eta_1 + \ldots + \xi_n \eta_n = 0 \tag{21}$$

$$|\xi|^2 = 2\,|\eta|^2 \quad \text{and} \quad |\eta| \text{ large.} \tag{22}$$

If $z \in \Delta(\zeta\,;\,r)$, $\zeta \in A$, write $z^2 = z_1^2 + \ldots + z_n^2 = u + iv$, $\sqrt{z^2} = \sigma + i\,\tau$ where the argument of $\sqrt{z^2}$ is determined by that of ζ. Then

$$2\,\tau^2 = -\,u + \sqrt{u^2 + v^2} \quad ; \tag{23}$$

and, for some positive constants c and c',

$$|v| \leq c\,|\eta| \, , \quad |u| \geq c'\,|\eta|^2 \, . \tag{24}$$

Relations (21) - (24) easily imply that if z varies in the set $\bigcup_{\zeta \in A} \Delta(\zeta\,;\,r)$, then τ^2 remains bounded and σ is positive. Using the well-known asymptotic formulae for Bessel functions (cf. [23], p. 199), we obtain

$$|\hat{\chi}_B(\zeta)|_r \leq C\,e^{|\tau|} \quad \text{for} \quad \zeta \in A \;;$$

Hence $\hat{\chi}_B$ remains bounded when $|\zeta| \to \infty$ and $\zeta \in A$. This shows that χ_B cannot be in $\mathfrak{R}_\omega$.

Remarks : 1) If $n = 1$, B is an interval, hence $\chi_B \in \mathfrak{R}_0$ by Proposition 5 (iii). -

2) Using a procedure of [17] it can be shown that $\chi_B \notin (B)$. We shall return to the study of the class (B) elsewhere. -

3) It follows from [14] that if B is a compact convex set with smooth boundary, then χ_B is not only an invertible distribution, but $\hat{\chi}_B$ is even "very slowly decreasing" (cf. [4], Proposition 5). This together with the preceding remark shows that from the point of view of Fourier analysis, there is an essential difference between the class (B_0) on the one hand and the classes (B) and (D) on the other hand : Indeed, while the elements of (B_0) are determined by the behavior of their Fourier transforms on the real subspace of $\mathbb{C}^n$ (cf. condition (e) in theorem of § 3), this is not true for distributions in (B) (or (D)). In this case, as the above example shows, the behavior of the Fourier transform in the complex space $\mathbb{C}^n$ must be considered.

4) Proposition 7 remains valid, if we replace χ_B by $\chi_{\partial B}$ (and the same remarks apply to this case as well). This is so because the functions $\hat{\chi}_B$ and $\hat{\chi}_{\partial B}$ can be related to each other by means of the Gauss-Ostrogradski formula (cf. [14]).-

5) Following the arguments of [2] the class $\mathfrak{R}_0$ can be used to establish a generalization of Ehrenpreis'fundamental principle (cf. [3, 4, 13]).

On the basis of the last proposition and the subsequent remarks one is naturally led to the following :

Conjecture : For every compact convex set B in $\mathbb{R}^n$ $(n > 1)$ with smooth boundary $\chi_B \notin (B)$. The same conjecture for $\chi_{\partial B}$.

REFERENCES

[1] ATIYAH, M.F. & MACDONALD, I.G., "Introduction to Commutative Algebra", Addison-Wesley , Reading, Mass., 1969.

[2] BERENSTEIN, C.A. - Convolution operators and related quasianalytic classes, Ph. D. Thesis, New York University, 1970.

[3] BERENSTEIN, C.A. & DOSTAL, M.A. - "Analytically Uniform Spaces and their Applications to Convolution Equations", Lecture Notes in Mathematics, vol. 256, Springer-Verlag, Berlin-Heidelberg-New York, 1972.

[4] BERENSTEIN, C.A. & DOSTAL, M.A. - Sur une classe de fonctions entières, C.R. Acad. Sc. Paris, série A, 274 (1972), p. 1149 - 1152.

[5] BERENSTEIN, C.A. & DOSTAL, M.A. - Some remarks on convolution equations, to appear in Ann. Inst. Fourier.

[6] BOCHNER, S. - "Vorlesungen über Fouriersche Integrale", Leipzig, 1932.

[7] DE WILDE, M. - Une propriété de relèvement et espaces à réseaux absorbants, C.R. Acad. Sc. Paris, série A, 266 (1968), p. 457 - 459.

[8] DOSTAL, M.A. - On a property of convolution, Comm. Pure Appl. Math., 20 (1967), p. 595 - 607.

[9] DOSTAL, M.A. - An analogue of a theorem of Vladimir Berenstein and its applications to singular supports of distributions, Proc. London Math. Soc., 19 (1969), p. 553 - 576.

[10] DOSTAL, M.A. - A complex characterization of the Schwartz space (Ω), Math. Ann., 195 (1972), p. 175 - 191.

[11] DOSTAL, M.A. - Some recent results in the theory of topological vector spaces, to appear in "Proceedings of the Symposium on Analysis, Recife (1972), Springer Verlag, 1973.

[12] EHRENPREIS, L. - Solutions of some problems of division IV, Amer. J. Math., 82 (1960), p. 522 - 588.

[13] EHRENPREIS, L. - "Fourier Analysis in Several Complex Variables", Wiley-Interscience, New York, 1970.

[14] HERZ, C.S. - Fourier transforms related to convex sets, Ann. of Math., 75 (1962) p. 81 - 92.

[15] HÖRMANDER, L. - On the range of convolution operators, Ann. of Math., 76 (1962) p. 148 - 170.

[16] HÖRMANDER, L. - Hypoelliptic convolution equations, Math. Scand., 9 (1961), p. 178 - 184.

[17] HÖRMANDER, L. - Supports and singular supports of convolutions, Acta Math., 110 (1965), p. 279 - 302.

[18] LIONS, J.L. - Supports dans la transformation de Laplace, J. d'Analyse Math., 2 (1952 - 1953), p. 369 - 380.

[19] MALGRANGE, B. - Existence et approximation des solutions des équations aux dérivées partielles et des équations de convolution, Ann. Inst. Fourier, 6 (1955 - 1956), p. 271 - 355.

[20] MIKUSIŃSKI, J. - "Operational Calculus", Pergamon Press, New York, 1959.

[21] RONKIN, L.I. - "Introduction into the Theory of Entire Functions of Several Variables" (in Russian), Moscow, 1971.

[22] SCHWARTZ, L. - "Théorie des distributions", I, II, Hermann, Paris, 1966.

[23] WATSON, G.N. - "A Treatrise on the Theory of Bessel Functions", 2nd edition, Cambridge University Press, 1966.

Harvard University, Cambridge,
Mass. 02138, U.S.A.

Stevens Institute of Technology,
Hoboken, N.J. 07030, U.S.A.
and
Federal University of Pernambuco,
Recife, Pe., Brazil.

FORMULATION HILBERTIENNE DU NULLSTELLENSATZ DANS LES ALGEBRES DE FONCTIONS HOLOMORPHES

Henri SKODA

Soit Ω un ouvert borné de C^n , soit $H^\infty(\Omega)$ l'algèbre des fonctions holomorphes et bornées dans Ω. Comme il est bien connu[1] (cf. [8]), l'ouvert Ω s'identifie à un ouvert du spectre $\mathfrak{M}$ de l'algèbre de Banach $H^\infty(\Omega)$. On montre ([8]) que Ω est dense dans $\mathfrak{M}$ (pour la topologie faible de $\mathfrak{M}$) si et seulement si la propriété suivante est vraie :

Les fonctions $g_1, g_2, \ldots, g_p \in H^\infty(\Omega)$ engendrent l'anneau $H^\infty(\Omega)$ si et seulement s'il existe une constante $c > 0$, telle que $\sum_{i=1}^{p} |g_i(z)| \geq c$, pour tout $z \in \Omega$.

Cette question d'énoncé simple, mais qui s'est avérée très difficile, constitue le "Corona problem". La réponse affirmative fut donnée par L. Carleson [1], dans le cas du disque-unité. Pour $n > 1$, et même pour les ouverts les plus simples, il n'y a aucune réponse connue.

On peut chercher plus généralement à caractériser les systèmes de générateurs d'une algèbre de fonctions holomorphes dans un ouvert Ω de C^n ; par exemple, si l'ouvert Ω est de Stein et si on prend l'algèbre de toutes les fonctions holomorphes dans Ω, alors, les fonctions $g_1, g_2, \ldots, g_p$ engendrent cette algèbre si et seulement si les g_i n'ont pas de zéro commun, ce qui résulte aisément des théorèmes A et B de H. Cartan.

Nous allons considérer avec L. Hörmander [11] des algèbres de fonctions holomorphes vérifiant des conditions de croissance du type suivant :

---

1) dans le cas $n = 1$.

<u>Définition 1</u> : <u>Soit</u> Ω <u>un ouvert de Stein de</u> C^n , ψ <u>une fonction plurisous-harmonique positive dans</u> Ω , <u>on désigne par</u> A_ψ <u>des fonctions</u> f <u>holomorphes dans</u> Ω <u>telles qu'il existe des constantes</u> C_1 <u>et</u> C_2 , <u>telles que</u> :

$$|f(z)| \leq C_1 \exp [C_2\psi(z)] \quad , \text{ où } z \in \Omega.$$

Autrement dit, on impose des conditions de croissance aux fonctions $f \in A_\psi$.

On supposera :

i) A_ψ contient les polynômes ;

ii) $f \in A_\psi$ si et seulement si $\exists$ c , tel que

$$\int_\Omega |f(z)|^2 \exp(-c\psi) \, d\lambda < +\infty.$$

Autrement dit, on peut décrire A_ψ par des inégalités L^2.

<u>Exemple 1</u> : $\Omega = C^n$, $\psi(z) = |z|$ (norme hilbertienne), A_ψ est alors l'algèbre des fonctions entières de type exponentiel.

<u>Exemple 2</u> : $\Omega = C^n$, $\psi(z) = |\mathrm{Im} z| + \mathrm{Log}(1 + |z|)$, A_ψ est alors l'algèbre des transformées de Fourier-Laplace des distributions à support compact.

<u>Exemple 3</u> : Ω est un ouvert borné de C^n , $\psi(z) = -\mathrm{Log}\, d(z)$, où $d(z)$ est la distance de z à la frontière de Ω , A_ψ est alors l'algèbre des fonctions à croissance polynomiale dans Ω.

En supposant de plus l'algèbre A_ψ stable par dérivation, L. Hörmander [11] démontre le résultat suivant :

<u>Théorème 1</u> : <u>Pour des fonctions</u> $g_1, g_2, \ldots, g_p$ <u>dans</u> A_ψ , <u>les conditions suivantes sont équivalentes</u> :

(i) $g_1, g_2, \ldots, g_p$ <u>engendrent l'anneau</u> A_ψ.

(ii) <u>il existe des constantes</u> B <u>et</u> C <u>telles que</u>

$$\sum_{i=1}^{p} |g_i(z)| \geq B \exp[-C\psi(z)] .$$

L'implication (i) ⇒ (ii) est triviale et c'est l'implication (ii) ⇒ (i) qui est difficile.

Hörmander utilise d'une part un processus homologique classique, le complexe de Koszul, et d'autre part ses théorèmes d'existence L^2 pour l'opérateur $\bar{\partial}$ (cf. [9] et [10]). Il montre que pour toute fonction $f \in A_\psi$, il existe des fonctions h_i dans A_ψ telles que :

$$f = \sum_{i=1}^{p} g_i h_i .$$

Lorsque les g_i vérifient les hypothèses du "Corona problem" et que $f \in H^\infty(\Omega)$, la méthode de L. Hörmander donne des fonctions h_i à croissance polynomiale dans Ω et non pas des fonctions dans $L^2(\Omega)$ comme on pourrait s'y attendre, ce qui vient du fait que les dérivées $\frac{\partial g_i}{\partial z_j}$ ne sont pas bornées.

Notre idée a été d'essayer d'améliorer le résultat de L. Hörmander en cherchant une formulation hilbertienne optimale du théorème 1, en travaillant dans des espaces L^2 avec poids. Plus généralement, pour des fonctions quelconques $g_1, g_2, \ldots, g_p \in A_\psi$, on désigne par J_1 l'idéal engendré par les g_i et on cherche des conditions hilbertiennes sur la fonction f pour que f appartienne à J_1.

Nous allons énoncer sans démonstrations l'essentiel de nos résultats, les démonstrations complètes et les résultats détaillés ayant paru dans [19].

On désigne par $d\lambda$ la mesure de Lebesgue sur C^n et on pose

$$|g|^2 = \sum_{i=1}^{p} |g_i|^2 .$$

Théorème 2 : Soit Ω un ouvert de Stein, φ une fonction plurisousharmonique dans Ω, soit $\alpha > 1$ un nombre donné, q l'entier $\mathrm{Inf}(n,p-1)$; pour toute fonction f holomorphe dans Ω telle que :

$$\int_\Omega |f|^2 \, |g|^{-2\alpha q-2} \, e^{-\varphi} \, d\lambda < +\infty \quad ,$$

il existe p fonctions $h_1, h_2, \ldots, h_p$ telles que :

$$f = \sum_{i=1}^{p} g_i h_i$$

et

$$\int_\Omega |h|^2 \, |g|^{-2\alpha q} \, e^{-\varphi} \, d\lambda \leq \frac{\alpha}{\alpha-1} \int_\Omega |f|^2 \, |g|^{-2\alpha q-2} \, e^{-\varphi} \, d\lambda \quad .$$

Pour démontrer ce théorème, nous n'utilisons pas le complexe de Koszul car on se heurte alors à des difficultés techniques considérables. Nous préférons reprendre dans leurs fondements les méthodes hilbertiennes utilisées par Hörmander, pour l'opérateur $\bar\partial$, nous démontrons des lemmes d'analyse fonctionnelle et des estimations a priori, spécifiquement adaptés au problème.

Nous avons été amenés à démontrer une variante du Théorème 2 , variante qui correspond à $\alpha = 1$.

Théorème 3 : Soit Ω un ouvert de Stein, φ une fonction plurisousharmonique dans Ω, soit $g_1, g_2, \ldots, g_p$ des fonctions holomorphes dans Ω, soit X l'ensemble des zéros communs aux g_i ; pour toute fonction f holomorphe dans Ω telle que :

$$\int_{\Omega \setminus X} |f|^2 \, |g|^{-2q-2} \, (1 + \Delta \operatorname{Log} |g|) \, e^{-\varphi} \, d\lambda < +\infty$$

il existe des fonctions h_i telles que :

$$f = \sum_{i=1}^{p} g_i h_i$$

et

$$\int_{\Omega} |h|^2 |g|^{-2q} (1 + |z|^2)^{-2} e^{-\varphi} d\lambda \leq 2 \int_{\Omega \setminus X} |f|^2 |g|^{-2q-2} (1 + \Delta \mathrm{Log}\, |g|) e^{-\varphi} d\lambda .$$

(Δ désigne le laplacien).

Nous donnons les conséquences les plus importantes des théorèmes 2 et 3.

Le théorème 2 entraîne aisément le théorème 1 de L. Hörmander par un choix convenable de la fonction φ. D'autre part, on a "l'approche L^2" suivante du "Corona problem", obtenue en prenant $\varphi = 0$.

Corollaire 1 : *S'il existe des constantes* M *et* C *telles que :*

$$M \geq |g| \geq C > 0 \quad ,$$

alors, pour toute fonction $f \in L^2(\Omega)$, *il existe des fonctions* $h_i \in L^2(\Omega)$ *telles que :*

$$f = \sum_{i=1}^{p} g_i h_i \quad .$$

Si f est bornée et si Ω est borné, on a des fonctions h_i dans $L^2(\Omega)$ à défaut de fonctions h_i holomorphes bornées.

Ce résultat ne peut pas être amélioré lorsque Ω est un ouvert de Stein borné quelconque de C^n, comme le montre un exemple récent de N. Sibony [18] : il construit un ouvert borné de Stein qui n'est pas d'holomorphie pour les fonctions holomorphes bornées.

Remarquons qu'on peut appliquer les théorèmes 2 et 3 à la fonction f^k où k est entier > 0 et qu'on a donc des conditions suffisantes pour que f^k appartienne à J_1.

Ceci permet de montrer aisément le corollaire suivant qui est un "Nullstellensatz" global et à croissance et qui a été démontré auparavant par I. Cnop [2] et [3], J.J. Kelleher et B.A. Taylor [12].

Corollaire 2 : (Cnop, Kelleher et Taylor). *Pour qu'une fonction* f *appartienne à la racine de l'idéal* J_1 , *il faut et il suffit qu'il existe un entier* $k > 0$, *et des constantes* B *et* $C > 0$, *telles que :*

$$|f|^k \leq B \exp(C\psi)\,|g| .$$

En fait, on a le résultat beaucoup plus précis suivant en appliquant le théorème 2.

Corollaire 3 : *Si une fonction* $f \in A_\psi$ *vérifie une majoration du type*

$$|f|^k \leq B \exp(C\psi)\,|g| ,$$

alors $f^{k(q+2)}$ *appartient à* J_1 , *avec* $q = \mathrm{Inf}(n,p-1)$.

Le meilleur résultat possible serait $f^{k(q+1)} \in J_1$.

C'est le choix de $\alpha > 1$ qui nous oblige à remplacer $q+1$ par $q+2$. Mais le théorème 3 a été fait sur mesure pour nous permettre de remplacer $q+2$ par $q+1$, moyennant une hypothèse supplémentaire assez faible sur les g_i.

Corollaire 4 : *En supposant vérifiées les hypothèses du corollaire 3 et en supposant de plus qu'il existe une constante* C' *telle que*

$$\int_{\Omega \setminus X} \Delta\,(\mathrm{Log}\,|g|)\,\exp(-C'\psi)\,d\lambda < +\infty ,$$

alors $f^{k(q+1)}$ *appartient à* J_1.

La condition sur le Laplacien de $\mathrm{Log}\,|g|$ est peu restrictive ; cela revient à estimer les masses d'une fonction sous-harmonique.

On montre (cf. [19]) que cette condition est vérifiée si les fonctions g_i sont entières d'ordre fini ou encore si Ω est borné à frontière de classe C^2 et si A_ψ est l'algèbre des fonctions à croissance polynomiale dans Ω.

Si maintenant avec J.J. Kelleher et B.A. Taylor [12], on considère l'idéal J_2 des fonctions $f \in A_\psi$ qui vérifient une majoration du type

$$|f| \leq B \exp(C\psi)\,|g| ,$$

pour un choix convenable des constantes B et C , on a trivialement $J_1 \subset J_2$, et l'application du corollaire 3 avec k = 1 , montre qu'inversement on a : $J_2^{q+2} \subset J_1$, et sous l'hypothèse supplémentaire du corollaire 4 , on a $J_2^{q+1} \subset J_1$, ce qui est le meilleur résultat possible (cf. [19]), et améliore le résultat antérieur de Kelleher et Taylor qui donnaient à q la valeur Inf(2n,2p-2). C'est aussi une autre façon équivalente d'énoncer les corollaires 3 et 4.

Donnons maintenant un aperçu historique de la question. Après les travaux de base de L. Carleson [1] et L. Hörmander [11], ces problèmes furent étudiés indépendamment par I. Cnop [2], J.P. Ferrier [5] et [6], J.J. Kelleher et B.A. Taylor [12] et l'auteur [19]. Les méthodes de Cnop et Ferrier utilisent un minimum de techniques L^2 de L. Hörmander et font un large appel au calcul fonctionnel pour les algèbres complètes de L. Waelbroeck (cf. [6]).

Ces méthodes permettent d'obtenir le "Nullstellensatz" du corollaire 2, mais non pas les versions raffinées des corollaires 3 et 4. Les méthodes de Kelleher et Taylor reprennent de très près les méthodes de L. Hörmander (complexe de Koszul et d"-cohomologie) et fournissent des résultats proches du corollaire 3, mais avec des exposants non optimaux.

Il semble que plus la méthode est directe, meilleure est la précision du résultat et c'est la voie que nous avons choisie. Nous avions déjà démontré le théorème 2 (cf. [20]), quand nous avons eu connaissance des travaux contemporains précités sur le sujet, et le travail de Kelleher et Taylor nous a suggéré de rechercher l'amélioration que constitue le théorème 3, variante du théorème 2, pour l'obtention de $J_2^{q+1} \subset J_1$.

Il existe une autre direction permettant d'exploiter des théorèmes du même genre que les théorèmes 1, 2 et 3.

Cette voie a été explorée avec succès par Kelleher et Taylor [13]. Soit

J un idéal quelconque de A_ψ , $\overline{J}$ son adhérence pour la topologie naturelle de limite inductive de A_ψ et J_{loc} , l'idéal localisé de J. On a les inclusions $J \subset \overline{J} \subset J_{loc}$, et le problème est de savoir à quelles conditions on a $\overline{J} = J_{loc}$.

Kelleher et Taylor donnent des réponses complètes dans le cas $n = 1$, partielles pour $n > 1$. Nous invitons le lecteur à se reporter à leur article original [13].

Dans un autre domaine, il est aisé de déduire des théorèmes 2 et 3, des propriétés spectrales de l'algèbre A_ψ , par exemple le spectre de A_ψ coïncide avec Ω. On peut également en déduire des propriétés de convexité d'un ouvert d'holomorphie borné de C^n , par exemple un tel ouvert est domaine d'existence d'une fonction holomorphe à croissance polynomiale (cf. P. Pflug [17] et I. Cnop [4]). Enfin, il nous semble très probable que la réponse au "Corona problem" est affirmative dans le cas d'un ouvert strictement pseudo-convexe de C^n et dans le cas des polydisques. Les travaux de G.M. Henkin [7], N. Kerzman [14], I. Lieb [15], N. Øvrelid [16], semblent ouvrir la voie à ces recherches, mais des difficultés considérables subsistent.

Références

[1] L. CARLESON, The Corona Theorem, Proceedings of the 15th Scandinavian Congress, Oslo, 1968, Lecture Notes in Mathematics 118, Berlin-Heidelberg-New-York, Springer, 1970, p. 121-132.

[2] I. CNOP, A theorem concerning holomorphic functions with bounded growth, (Thesis), Departement voor Wiskunde, Vrije Universiteit Brussel, Faculteit der Weten-schoppen 1050 Brussel.

[3] I. CNOP, Spectral study of holomorphic functions with bounded growth, Ann. Inst. Fourier (Grenoble), 22, 2, 1972.

[4] I. CNOP, Prolongation de fonctions à croissance polynomiale, Colloque sur les fonctions de plusieurs variables complexes, Paris, Juin 1972 (à paraître).

[5] J.P. FERRIER, Approximation avec croissance des fonctions holomorphes de plusieurs variables, Ann. Inst. Fourier, Grenoble, t. XXII, fasc. I, 1972, 67-87.

[6] J.P. FERRIER, Séminaire sur les Algèbres complètes, Lecture Notes in Mathematics, n° 164, Springer-Verlag Berlin-Heidelberg-New-York.

[7] G.M. HENKIN, Integral representation of functions in strictly pseudo-convex domains, and application to the problem, Math. Sb. 82 (1970), 300-309.

[8] K. HOFFMAN, Banach Spaces of Analytic Functions, Englewood Cliffs, N.J., Prentice-Hall, Inc. 1962.

[9] L. HORMANDER, L^2 estimates and existence theorems for the $\bar{\partial}$ operator, Acta Math. 113, p. 89-152 (1965).

[10] L. HORMANDER, An Introduction to complex analysis in several variables, New-York, Van Nostrand Company, 1966.

[11] L. HORMANDER, Generators for some rings of analytic functions, Bull. Amer. Math. Soc. 73, 1967, p. 943.

[12] J.J. KELLEHER et B.A. TAYLOR, Finitely generated ideals in rings of analytic functions, Math. Ann. 193, 1971, p. 225-237.

[13] J.J. KELLEHER et B.A. TAYLOR, Closed Ideals in locally convex algebras of analytic functions, to appear in J. für die Reine and Angew Math.

[14] N. KERZMAN, Holder and L^p estimates for solution of $\bar{\partial} u = f$ in strongly pseudoconvex domains, Comm. Pure Appl. Math. 24 (1971), 301-80.

[15] I. LIEB, Die Cauchy-Riemmanschen Differentialgleichungen auf streng pseudokonvexen Gebieten, Math. Ann., 190, 6-44 (1970)

[16] N. ØVRELID, Integral Representation Formulas and L^p Estimates for the $\bar{\partial}$-Equation, Math. Scand., 29 (1971), 137-160.

[17] P. PFLUG, Eigenschaften der Forsetzungen von in speziellen Gebieten holomorphen polynomialen funktionen in die Holomorphiehülle, Thèse, Göttingen, 1972.

[18] N. SIBONY, Prolongement analytique des fonctions holomorphes bornées, C.R. Acad. Sc. Paris, t. 275, Ser. A, 973-976.

[19] H. SKODA, Application des techniques L^2 à la théorie des idéaux d'une algèbre de fonctions holomorphes avec poids, Ann. Scient. Ec. Norm. Sop., 4ème série, t. 5, fasc. 4, 1972.

[20] H. SKODA, Système fini ou infini de générateurs dans un espace de fonctions holomorphes avec poids, C.R.Acad.Sc. Paris, t. 273, 389-392.

ISOLEMENT DES EXPOSANTS

ET QUASI-ANALYTICITE GENERALISEE

par Geneviève COULOMB

1. Dans ses travaux sur les singularités des séries de Dirichlet, S. Mandelbrojt a introduit le principe d'isolement arithmétique des exposants : f désignant la somme d'une série de Dirichlet et son prolongement analytique direct, un sous ensemble infini d'exposants dont les parties fractionnaires peuvent être isolées par un voisinage approprié de celles des autres exposants fournit à la distribution des singularités de f une contribution qui ne peut être neutralisée par les autres exposants. Nous allons appliquer cette idée à l'étude du comportement à l'origine d'une fonction f indéfiniment dérivable de variable réelle et des ses dérivées successives : les théorèmes de quasi-analyticité généralisée nous apprennent que toutes les dérivées à l'origine peuvent être nulles dès qu'un nombre suffisant de dérivées à l'origine sont nulles. La nullité à l'origine d'une quantité moindre de dérivées permet déjà de conclure à la nullité à l'origine d'autres dérivées.

Pour démontrer le théorème de quasi-analyticité généralisée sur une demi-droite (th. 4.4.I de [1]), on remarque que la série

$$\sum_{0}^{+\infty} f^{(n)}(0)e^{-(n+1)s}$$

adhère à la fonction déduite de la transformée de Laplace de f par le changement de variable $z = e^s$. On montre que $f^{(n)}(0) = 0$ pour tout n en appliquant l'inégalité fondamentale de la théorie des séries adhérentes à chacun des termes de la série.

Pour prouver que, pour tout $\delta\in\Delta$, $f^{(\delta)}(0) = 0$, nous nous ramènerons à la démonstration précédente en isolant dans la série

$$\sum_{0}^{+\infty} f^{(n)}(0)e^{-(n+1)s}$$

les éléments de Δ : nous construirons une fonction ψ dont la série adhérente admettra pour exposants les seuls éléments de Δ, les coefficients correspondants étant égaux à $f^{(\delta)}(0)$ multiplié par une constante non nulle. Pour mettre en évidence le rôle joué par le spectre de f, nous utiliserons, à la place de la transformée de Laplace, la transformée de Fourier-Carleman de f.

Nous prendrons les notations de [1] et [2].

2. Soit Λ une suite d'entiers et $\{M_n\}$ une suite de nombres réels positifs. On posera $p(\sigma) = \sup_{n\geq 1} (n\sigma - \log M_n)$ et on désignera par $L^p(\mathfrak{M},\Lambda)$ l'ensemble des fonctions indéfiniment dérivables sur R, appartenant à L^p, ainsi que toutes leurs dérivées, et vérifiant $\|f^{(n)}\|_p \leq M_n$ pour $n \geq 0$, $f^{(\lambda)}(0) = 0$ pour $\lambda\in\Lambda$. f appartenant à $L^p(\mathfrak{M}, \Lambda)$, soit E un fermé de $\mathbb{R}$ symétrique par rapport à l'origine, contenant le spectre de f. Notons F la fonction holomorphe dans le plan privé de E, égale à

$$F^+(z) = \frac{1}{\sqrt{2\pi}} \int_{-\infty}^{0} f(u)e^{-iuz}\, du \quad \text{pour} \quad y = \operatorname{Im} z > 0,$$

égale à

$$F^-(z) = \frac{1}{\sqrt{2\pi}} \int_{0}^{+\infty} f(u)e^{-iuz}\, du \quad \text{pour} \quad y < 0.$$

Pour s extérieur à E on a

$$\left|\sqrt{2\pi}\, F(z) - \sum_{q=0}^{n} \frac{f^{(q)}(0)}{(iz)^{q+1}}\right| \leq K\, M_{n+1} |z|^{-n-1} |y|^{\frac{1}{p}-1}.$$

Dans tout notre exposé $\varepsilon(x)$ désignera une fonction continue, décroissante, tendant vers zéro lorsque x tend vers $+\infty$, telle que le rapport $\frac{\varepsilon(x)}{\varepsilon(a)}$ reste borné lorsque $x \to +\infty$ et lorsque $0 < \varepsilon(a) \leq a-x \leq \varepsilon(x)$. Nous noterons $S(E)_{\varepsilon(\sigma)}$ la réunion des segments $[\sigma-\varepsilon(\sigma),\sigma+\varepsilon(\sigma)]$, σ vérifiant $e^{\sigma}\in E$. Posons $\mathfrak{F}(s) = \sqrt{2\pi}\, F(-ie^{s})$. On démontre à partir de l'inégalité précédente qu'à l'extérieur de

$$\mathcal{S}(E)_{\epsilon(\sigma)} = \bigcup_{k\in Z} ((2k+1)i \frac{\pi}{2} + S(E)_{\epsilon(\sigma)}),$$

$\mathcal{F}$ est holomorphe et vérifie l'inégalité

$$(1) \quad |\mathcal{F}(s) - \sum_{p=0}^{n} f^{(p)}(0)e^{-(p+1)s}| \le \frac{CM_{n+1}}{\epsilon(\sigma)} e^{-(n+1)\sigma};$$

voir [2].

Nous allons maintenant séparer dans la série $\Sigma f^{(p)}(0)e^{-(p+1)s}$ les exposants relatifs à Δ, Δ étant une suite d'entiers supposée mesurable de densité δ. Nous noterons $\{\nu_n\}$ la suite des entiers n'appartenant pas à Δ et $C(z)$ la fonctions

$$\prod_n (1 - \frac{z^2}{(\nu_{n+1})^2}).$$

La transformée de Laplace de C, appelée Φ, est holomorphe à l'extérieur du segment $I = [i\pi(1-\delta), +i\pi(1-\delta)]$. Nous désignerons par $D(\sigma)$ la réunion des disques centrés aux points de I de rayon $\pi\epsilon(\sigma)$, et par $J(\sigma)$ la frontière de $D(\sigma)$. Soit

$$\psi(s) = \int_{J(\sigma)} \mathcal{F}(x-z)\Phi(z)dz \;;$$

ψ est évidemment holomorphe à l'extérieur de $(\mathcal{S}(E)_{\epsilon(\sigma)} + D(\sigma))$ et pour tout s de cette région on a :

$$\int_{J(\sigma)} (\mathcal{F}(s-u) - \sum_{q=1}^{n-1} f^{(q-1)}(0)e^{-q(s-u)})\Phi(u)du =$$

$$= \psi(s) - \sum_{1}^{n-1} f^{(q-1)}(0)e^{-qs} \int_{J(\sigma)} e^{qu}\Phi(u)du.$$

La $q^{\text{ème}}$ intégrale vaut $2i\pi C(q)$. D'où en posant $K(\sigma) = \sup_{s\in J(\sigma)} |\Phi(s)|$ et en majorant la longueur de $J(\sigma)$, l'inégalité

$$(2) \quad |\Psi(s) - \sum_{q=1}^{n-1} 2i\pi C(q)f^{(q-1)}(0)e^{-qs}| \le \frac{LK(\sigma)}{\epsilon(\sigma)} e^{-n(\sigma-\epsilon(\sigma))}.$$

Nous pouvons interpréter cette inégalité en disant que la série

$$\Sigma\ 2i\pi C(q)f^{(q-1)}(0)e^{-qs}$$

adhère à ψ avec la précision logarithmique

$$[p(\sigma-\varepsilon(\sigma)) - \log \frac{LK(\sigma)}{\varepsilon^{(\sigma)}}].$$

Les seuls coefficients non nuls de la série correspondent bien aux éléments de $\Delta-\Lambda$: $C(q) = 0$ lorsque $(q-1)$ n'appartient pas à Δ et $f^{(q-1)}(0) = 0$ pour $(q-1)$ appartenant à Λ.

Nous utiliserons l'inégalité fondamentale de la théorie des séries adhérentes sous la forme suivante :

Soit $G = \{x = \sigma+it | \sigma > a,\ |t| \leq \pi G(\sigma)\}$, $G(\sigma)$ étant une fonction continue à variation bornée. Soit $M = \{\mu_n\}$ une suite croissante de nombres positifs tendant vers $+\infty$ telle que $\bar{D}.(M) < G(\sigma)$. Soit H une fonction holomorphe dans G, représentée dans G avec la précision logarithmique $p(\sigma)$ par la série $\Sigma\ d_n e^{-\mu_n s}$. Supposons que H puisse être prolongée analytiquement de G jusqu'à un disque fermé de centre s_o et de rayon πR par un canal de largeur supérieure à $2\pi\bar{D}^{\bullet}(M)$. Alors, si une relation d'adhérence $A[G(\sigma),p(\sigma),M]$ est vraie (par exemple la relation $\int^{+\infty} p(\sigma) \exp[-\frac{1}{2}\int^{\sigma} \frac{du}{G(u)-\bar{D}^{\bullet}(p(u))}]d\sigma = +\infty$) on a pour tout k

$$|d_k| \leq C(R,k)M(s_o,\pi R)e^{\mu_k(\mathrm{Re}\, s_o)}$$

avec

$$M(s_o,\pi R) = \max_{|s-s_o|=\pi R} |H(s)|.$$

La série $\Sigma\ 2i\pi C(q)f^{(q-1)}(0)e^{-qs}$ adhère à ψ dans tout domaine $G = \{s/|t| \leq \pi(g(\sigma)-\varepsilon(\sigma))\}$, g désignant une fonction continue à variation bornée, supérieure ou égale à $(\delta - \frac{1}{2})$, égale à $(\delta - \frac{1}{2})$ lorsque $\sigma \in S(E)_{\varepsilon(\sigma)}$.

La fonction ψ est holomorhe dans la bande $\{s/|t| \leq \pi(\delta - \frac{1}{2} - \varepsilon(\sigma))\}$. Dès que la largeur de cette bande sera supérieure à $2\pi\bar{D}^{\cdot}(\Delta-\Lambda)$ et dès qu'une relation d'adhérence

$$A[g(\sigma)-\varepsilon(\sigma), p(\sigma-\varepsilon(\sigma)) - \log \frac{LK(\sigma)}{\varepsilon(\sigma)}, \Delta-\Lambda]$$

sera vérifiée, nous pourrons appliquer l'inégalité fondamentale dans un cercle centré en un point x_0 de l'axe réel, de rayon πR avec

$$0 < \bar{D}^{\cdot}(\Delta-\Lambda) < R < \delta - \frac{1}{2} - \varepsilon(\sigma).$$

Si nous supposons que Λ contient 0, l'inégalité (1) prise pour $n = 0$ nous permettra de majorer $\mathcal{F}$, puis ψ sur le cercle. On trouvera le résultat cherché en faisant tendre x_0 vers $-\infty$.

THEOREME 1. Soit E un fermé de $\mathbb{R}$ symétrique par rapport à l'origine ; Λ une suite d'entiers contenant 0 ; f un élément de $L^p(\mathbb{T}, \Lambda)$ dont le spectre est contenu dans E. Soit Δ une suite d'entiers mesurable de densité δ, telle que $0 < \bar{D}^{\cdot}(\Delta-\Lambda) < \delta - \frac{1}{2}$. Si il existe une fonction décroissante $\varepsilon(\sigma)$ et une fonction $g(\sigma)$ continue, à variation bornée, supérieure ou égale à $(\delta - \frac{1}{2})$, égale à $(\delta - \frac{1}{2})$ lorsque $\sigma \in S(E)_{\varepsilon(\sigma)}$, telle que la relation d'adhérence

$$A[g(\sigma)-\varepsilon(\sigma), p(\sigma-\varepsilon(\sigma)) - \log \frac{LK(\sigma)}{\varepsilon(\sigma)}, \Delta-\Lambda]$$

soit vraie, alors pour tout $\delta \in \Delta-\Lambda$ on a $f^{(\delta)}(0) = 0$.

3. Remarquons que l'hypothèse E symétrique peut-être supprimée car l'inégalité fondamentale reste vraie lorsque G n'est pas symétrique par rapport à l'axe réel. Pour $E = \mathbb{R}$ et $\Delta = \mathbb{N}$ nous trouvons une réponse au problème de la quasi-analyticité généralisée. La condition obtenue se ramène à celle du théorème 4.4.I de [1].

Dans le cas particulier E compact et $\Delta = \mathbb{N}$, on a le corollaire suivant :

THEOREME 2. Soit Λ une suite d'entiers positifs contenant 0 telle que $\bar{D}.(\Lambda) > \frac{1}{2}$ et $\mathfrak{M}$ une suite de nombres positifs telle que $\log M_n$ soit une fonction convexe de n. Si pour un nombre positif k la relation

$$\sum^{+\infty} \left(\frac{M_n}{M_{n+1}}\right)^k = +\infty$$

est vérifiée, toute fonction de $L^p(\mathfrak{M},\Lambda)$ à spectre compact est identiquement nulle.

Le spectre de E étant compact, ψ vérifie l'inégalité (2) dans un demi-plan $\sigma \geq \sigma_0$. Grâce à la convexité des $\log M_n$ (hypothèse technique), la divergence de la série équivaut à $\int^{+\infty} p(\sigma)e^{-k\sigma}d\sigma = +\infty$. On en déduit qu'une relation d'adhérence $A_1[g-\varepsilon, p(\sigma-2\varepsilon), \mathbb{N}-\Lambda]$ est vérifiée pour des constantes g et ε telles que $g-\varepsilon > \bar{D}^{\cdot}(\mathbb{N}-\Lambda)$.

La méthode de séparation des exposants utilisée est inspirée de la démonstration du théorème de Cramer donnée par Polya (voir [3]). La méthode de séparation de S. Mandelbrojt nous a donné dans le cas des fonctions à spectre compact des résultats qui, pour les fonctions paires, coïncident avec les corollaires du théorème 1 obtenus en prenant E compact et $\varepsilon(\sigma)$ constant. (Voir [4]).

BIBLIOGRAPHIE

[1] S. MANDELBROJT. Séries adhérentes. Régularisation des suites. Applications. Gauthier-Villare. Paris, 1952.

[2] S. MANDELBROJT. Composition Theorems. The Rice Institute Pamphlet. Monograph in Mathematics. October 1958.

[3] V. BERNSTEIN. Leçons sur les progrès récents des séries de Dirichlet. Gauthier-Villars. Paris 1933.

[4] G. COULOMB. C.R. Acad. Sc. Paris, t. 272, p. 221-224.

REMARKS ON ESTIMATES FOR THE $\bar\partial$ EQUATION

Norberto KERZMAN

Section 1 is an expository informal lecture on results published in [8]. It concerns a method which can be employed to obtain solutions u of the equation $\bar\partial u = f$ which satisfy Hölder and L^p estimates in strictly pseudoconvex domains of $\mathbb{C}^n$ or of a Stein manifold.

Section 2 is an announcement of the application of the same method to obtain similar theorems when the domain is contained in an arbitrary complex analytic manifold (not necessarily Stein). Approximation theorems follow in the usual manner.

Section 3 concerns the relationship between the solutions u of $\bar\partial u = f$ obtained by L^2 (i.e. Hilbert space) methods and those obtained by certain other methods. The material in this section is joint work with B.A. TAYLOR. I would like to express to him my thanks for useful discussions we had on this subject.

§ 1

Introduction. Let $G \subset\subset \mathbb{C}^n$ be a strictly pseudoconvex domain with smooth C^∞ boundary and let $f = \sum_{j=1}^{n} f_j d\bar z_j$ be a $(0, 1)$ form in G with C^∞ coefficients, such that $\bar\partial f = 0$ (this means that $\frac{\partial f_i}{\partial \bar z_j} = \frac{\partial f_j}{\partial \bar z_i}$, $1 \le i, j \le n$) and such that $\|f\|_{L^\infty(G)} < \infty$, where $\|f\|_{L^\infty(G)} = \sup_{z \in G} |f(z)|$ and $|f| = \sup_{1\le j\le n} |f_j|$.

We recall the definition of such G : G is open $\subset \mathbb{C}^n$, $\bar G$ is compact and there is some open set $U \supset \partial G$ and some C^∞ function $\lambda : U \to \mathbb{R}$ such that

a) $G \cap U = \{z \in U ;\ \lambda(z) < 0\}$,

b) $\nabla \lambda(z) \neq 0$ and

c) (this is the basic condition) λ is strictly plurisubharmonic in U, i.e. $\sum_{i,j} \frac{\partial^2\lambda}{\partial z_i\,\partial \bar{z}_j}(z)\mu_i\bar{\mu}_j \neq 0$ for every $z \in U$, $0 \neq \mu \in \mathbb{C}^n$.

One looks for a C^∞ solution of the problem $\bar{\partial}u = f$, i.e. $u : G \to \mathbb{C}$ and $\frac{\partial u}{\partial \bar{z}_j} = f_j$, $1 \leq j \leq n$, i.e. for a solution of the inhomogeneous Cauchy-Riemann equations in n variables. A classical result about pseudo convex domains [1] says that such a solution exists. In addition, Hilbert space and partial differential equations techniques [2] [7] give a solution which satisfies the L^2 estimate $\|u\|_{L^2(G)} \leq c\|f\|_{L^2(G)}$, $c = c(G)$.

More recently, several authors have obtained solutions which satify other estimates, e.g. $\|u\|_{L^\infty} \leq c\|f\|_{L^\infty}$, where $c = c(G)$, [3][6]. The method employed was to represent a solution u by an integral formula

$$u(w) = \int_{z \in G} K(z, w) \wedge f(z) \qquad , \qquad w \in G.$$

The main difficulty is, of course, to construct and to estimate the kernel $K(z, w)$. Another similar representation uses an additional boundary integral, cf. [3][6]. These kernels have been constructed only for domains in $\mathbb{C}^n$, [3][5][14].

One can also approach the problem as follows : To find a solution $u(w)$ defined only locally in G, near a boundary point, by means of an integral representation involving a kernel which is now completely explicit, and to estimate that solution. Then one can obtain a global solution by an argument involving only L^2 estimates. This method was used in [8] to prove a theorem of which the following one is a special case.

Theorem 1 : *Let* G *and* f *be as above. Then there is a* C^∞ *function* $u : G \to \mathbb{C}$ *such that* $\bar{\partial}u = f$ *and the Hölder norm*

$$\|u\|_{H^\alpha(G)} = \sup\left\{\frac{|u(z) - u(w)|}{|z - w|^\alpha} \quad ; \quad z, w \in G\right\} \leq c\,\|f\|_{L^\infty(G)} \quad ,$$

where α *is any number* $0 \leq \alpha < \frac{1}{2}$, *and* $c = c(G, \alpha)$.

We will illustrate the method mentioned above by sketching the proof of this theorem. For precision and details we refer to [8]. The result is false for $\alpha > \frac{1}{2}$, see [8]. The case $\alpha = \frac{1}{2}$ was settled in the affirmative in [15]. (Thus, the constant $c(G, \alpha)$ does not depend on α really). For extensions of these results to higher order forms see [10] [12] [13].

Note. In what follows c is used to denote different constants.

1A. A local solution of $\bar{\partial}u = f$. Let $p \in \partial G$ be arbitrary, and $r > 0$ be small and $B(p, r)$ the ball of center p and radius r. Let $H_2 = G \cap B(p, 2r)$ and $H_1 = G \cap B(p, r)$. We write

$$(1) \qquad u(w) = \int_{z \in H_2} K(z, w) \wedge f(z) \ , \quad w \in H_1 \ ,$$

where K is written down below ; u will be the required local solution.

Some of the properties of K are

a) For each $w \in H_1$, $K(z, w)$ is an $(n, n-1)$ form in z which has an absolutely integrable singularity at $z = w$, but it is otherwise C^∞ in z up to $\overline{H_2}$. Thus, expression (1) makes sense.

b) $\bar{\partial}_z K(z, w) = 0$ for $z \in H_2 - \{w\}$.

c) If δ is small (depending on w) then $\int_{z \in S(w, \delta)} K(z, w) = 1$, where $S(w, \delta) = \partial B(w, \delta)$; also $\int_{z \in S(w, \delta)} |K(z, w)| \leq c \frac{1}{\delta^{2n-1}}$, with c independent of δ.

d) (Essential property). For $z \in \partial H_2$, the coefficients of $K(z, w)$ are holomorphic in $w \in H_1$.

One can now show as follows, that in H_1, $\bar{\partial}u = f$:

H_2 is pseudoconvex (It is the intersection of two pseudoconvex domains) ; thus there is a C^∞ function $v : H_2 \to \mathbb{C}$ such that $\bar{\partial}v = f$, and if $z \in H_2 - B(w, \delta)$ we have $K(z, w) \wedge f(z) = - \bar{\partial}v(z) \wedge K(z, w) = - \bar{\partial}(v(z)K(z, w))$

where $\bar{\partial}$ means $\bar{\partial}_z$. Thus $u(w) = I_1 + I_2$ where

$$I_1 = -\int_{z \in H_2 - B(w, \delta)} \bar{\partial}(v(z)K(z, w)) \quad , \qquad I_2 = \int_{z \in B(w, \delta)} K(z, w) \wedge f(z) \quad .$$

Notice that $I_2 \to 0$ when $\delta \to 0$, since K is absolutely integrable in z and f is bounded. In I_1, $\bar{\partial}$ can be replaced by $d = \partial + \bar{\partial}$ since K is of type $(n, n-1)$. Stokes' theorem yields

$$u(w) = \int_{z \in S(w, \delta)} K(z, w)\, v(z) - \int_{z \in \partial H_2} K(z, w) v(z) + I_2 \quad .$$

We let now $\delta \to 0$. The first integral tends to $v(w)$; this follows from property c) and the continuity of v. The second one is a holomorphic function of w in virtue of d). And $I_2 \to 0$. Thus $u(w) = v(w) + h(w)$ and $\bar{\partial}u = \bar{\partial}v = f$.

The argument is not quite precise because we did not know that v was continuous up to the boundary of H_2. This is fixed by exhausting H_2 by an increasing sequence of domains H_2^n. See [8][3].

<u>Construction of</u> $K(z, w)$. One first constructs functions $g_i(z, w)$, $z \in \overline{H_2}$, $w \in H_1$, $i = 1, \ldots, n$ (These are written down below) and then defines

$$(2) \qquad K(z, w) = c_n \Big[\sum_{j=1}^{n} (-1)^{j+1} g_j \bigwedge_{\substack{i=1 \\ i \neq j}}^{n} \bar{\partial} g_i \Big] \frac{1}{g^n} \bigwedge_{i=1}^{n} dz_i$$

where $g = g(z, w) = \sum_{i=1}^{n} (z_i - w_i) g_i$, $\bar{\partial}$ means $\bar{\partial}_z$ and $c_n = \dfrac{(n-1)!}{(2\pi i)^n}$ (This value of the constant c_n makes property c) valid).

The functions g_i are such that the denominator g in (2) is $g(z, w) = 0$ only for $z = w$. Thus, for fixed w, $K(z, w)$ is an $(n, n-1)$ form in z defined in $H_2 - \{w\}$. Expressions like (2) are always $\bar{\partial}_z$ closed wherever defined, i.e. wherever $g \neq 0$. See references in [3][5]. In addition each g_i will be holomorphic in w when $z \in \partial H_2$ is fixed. This makes d) valid. If one did not care for property d) then the functions $g_i = \bar{z}_i - \bar{w}_i$ could be introduced in (2). The resulting kernel K is defined in $\mathbb{C}^n - \{w\}$ and has properties a), b) and c) but it is not holomorphic in w. This is the Bochner Martinelli kernel.

<u>Construction of</u> $g_i(z, w)$. The boundary of H_2 has a piece b in common with ∂G and another b' in common with $\partial B(p, 2r)$. Let $w \in H_1$ be fixed. The functions

$$(3) \qquad g_i^b(z, w) = 2\lambda_i(z) + \sum_{j=1}^{n} \lambda_{ij}(z)(w_j - z_j) \quad , \quad z \in \bar{H}_2 \, , \; w \in H_1$$

are holomorphic in w. Here $\lambda_i = \dfrac{\partial \lambda}{\partial z_i}$ and $\lambda_{ij} = \dfrac{\partial^2 \lambda}{\partial z_i \, \partial z_j}$.

Expanding λ in Taylor series up to second order terms at the point z, and using the strict plurisubharmonicity of λ, one sees that $g^b(z, w) = \sum_{i=1}^{n} (z_i - w_i) g_i^b$ has the property $\operatorname{Re} g^b(z, w) \geq c \, |z - w|^2$ provided z is close to b. Here $c > 0$. The radius r should be small enough to offset the effect of higher order terms.

Consider now the functions $g_i^{b'} = 2(\bar{z}_i - \bar{p}_i)$. They are also holomorphic in w (Independent of w) and $\operatorname{Re} g^{b'} \geq c \, |z - w|^2$ if z is close to b'. Indeed $g_i^{b'}$ are also defined by (3), with λ replaced by $|z - p|^2 - (2r)^2$ which is the function defining $\partial B(p, 2r)$.

The next step is to patch <u>in z</u> the g_i^b with the $g_i^{b'}$: Let $\psi(z) \in C_o^\infty(B(p, 2r))$, $0 \leq \psi \leq 1$, $\psi(z) = 1$ in a neighbourhood of $\bar{B}(p, r)$. Set $g_i^p(z, w) = \psi(z) g_i^b(z, w) + (1 - \psi(z)) \, g_i^{b'}(z, w)$. These functions are holomorphic in $w \in H_1$ and $g^p = \sum_{i=1}^{n} (z_i - w_i) g_i^p$ satisfies $\operatorname{Re} g^p(z, w) \geq c \, |z - w|^2$ when z is close to ∂H_2. The open set where this holds, N_w, depends on the fixed w.

Finally, the functions g_i are defined by patching once more <u>in z</u> the g_i^p with $\bar{z}_i - \bar{w}_i$, as follows : Let $\varphi_w(z) \in C_o^\infty(H_2)$, $0 \leq \varphi_w(z) \leq 1$, and $\varphi_w(z) = 1$ for $z \in H_2 - N_w$. Set $g_i(z, w) = [1 - \varphi_w(z)] g_i^p + \varphi_w(z)(\bar{z}_i - \bar{w}_i)$.

Now Re $g(z, w) \geq c\,|z - w|^2$ for $z \in H_2$, $w \in H_1$. Note that when $z \in \partial H_2$ then $\varphi_w(z) = 0$ and so $g_i = g_i^p$ which is holomorphic in w (This guarantees property d)) ; and if z is close to w then $g_i = \bar{z}_i - \bar{w}_i$. Thus the kernel agrees with the Bochner Martinelli kernel for z close to w and property c) follows. For details see [8].

For the construction of global kernels with similar properties see [3] [6][14]. These kernels are also defined by (2) but the functions g_i cannot be written very explicitly. One feature of those constructions is that first g is obtained and then the g_i appear by application of a division theorem.

Estimations : The next step is to estimate the solution given by (1). One proves the following.

Local Theorem. The local solution given by (1) satisfies the Hölder estimate

$$\|u\|_{H^\alpha(H_1)} = \sup\left\{\frac{|u(w) - u(w')|}{|w - w'|^\alpha}\ ;\ w, w' \in H_1\right\} \leq c\|f\|_{L^\infty(H_2)}\ ,\quad 0 \leq \alpha < \tfrac{1}{2}\ ,\quad c = c(G,\alpha).$$

One can also obtain L^p estimates for u in terms of the L^p norm of f.

IB. Passage to global. We now sketch the method by which, accepting the local theorem, one can obtain a global Hölder solution u of $\bar{\partial}u = f$.

The local theorem is used to prove the following

Extension lemma with bounds. There is a slightly larger open set $\tilde{G} \supset \bar{G}$ such that $\tilde{G}$ is pseudoconvex and such that for any f (as in Theorem 1) there is a C^∞, (0, 1) form $\tilde{f}$ in $\tilde{G}$ which satisfies $\bar{\partial}\tilde{f} = 0$ and, in addition

a) $\tilde{f} = f + \bar{\partial}\chi$ in G, where $\chi : G \to \mathbb{C}$ is a C^∞ function,

b) The Hölder norm $\|\chi\|_{H^\alpha(G)} \leq c\,\|f\|_{L^\infty(G)}$, $0 \leq \alpha < \frac{1}{2}$,

c) $\|\tilde{f}\|_{L^\infty(\tilde{G})} \leq c\,\|f\|_{L^\infty(G)}$.

This lemma implies the theorem we set out to prove. Indeed in $\tilde{G}$ there is $\tilde{u} : \tilde{G} \to \mathbb{C}$ such that $\bar{\partial} \tilde{u} = \tilde{f}$ and $\|\tilde{u}\|_{L^2(\tilde{G})} \leq c \|\tilde{f}\|_{L^2(\tilde{G})}$. It is here that the L^2 theory is used. Thus, in G, $\bar{\partial} \tilde{u} = \tilde{f} = f + \bar{\partial} \chi$ and $\bar{\partial}(\tilde{u} - \chi) = f$ in G. We claim that the required solution u is $\tilde{u} - \chi$. The estimate for χ is given by b), and for $\tilde{u}$ we use the "Elliptic estimate in the interior"

$$\|\tilde{u}\|_{H^\alpha(G)} \leq c[\|\tilde{u}\|_{L^1(\tilde{G})} + \|\bar{\partial} \tilde{u}\|_{L^\infty(\tilde{G})}] , \quad 0 \leq \alpha < 1 , \; c = c(\alpha)$$

which is well known and very easy to prove. Each term is dominated by $c \|f\|_{L^\infty(G)}$, which was our aim.

It remains to say how the extension lemma with bounds is proved : One first proves the lemma with $\tilde{G}$ replaced by $G \cup V$ where V is an open neighbourhood only of $p \in \partial G$ (And not of ∂G). To do so let $\varphi \in C_0^\infty(B(p, r))$, $\varphi = 1$ near p. Then the form $\tilde{f} = f - \bar{\partial} (\varphi u)$ is defined in H_1 (u is the local solution). Setting $\tilde{f} = f$ in $G - H_1$ and $\tilde{f} = 0$ in a small ball around p, all definitions agree and, in G, $\tilde{f} = f + \bar{\partial} \chi$ with $\chi = -\varphi u$. The required estimates for χ and $\tilde{f}$ follow from those for the local solution and for f.

The full lemma is obtained by careful iteration of the previous device, using the compactness of ∂G. The more precise local theorem in [8] includes, for example, information about it being possible to chose r and other constants involved, independently of p. This follows from the quite explicit expression for the functions g_i involved in the representation (1).

§ 2

The case of arbitrary complex analytic manifolds

The definition of a strictly pseudoconvex domain G with a smooth boundary is the same as in § 1 when $G \subset M$ instead of $G \subset \mathbb{C}^n$. Here M stands for an arbitrary complex analytic manifold. But even if $\bar{\partial}f = 0$ (f is an in § 1), it does not follow that there is a solution u of $\bar{\partial}u = f$ in G, see e.g. [16]. If M is a Stein manifold instead, then there is no difficulty and the method sketched in § 1 goes through without modification. See [8].

The method can also be used when M is not Stein, provided that there is some solution v of $\bar{\partial}v = f$, i.e. if there is one solution at all, then there is one which satisfies Hölder (and L^p) estimates.

We announce here the following result.

Theorem 2. Let M be a complex analytic manifold, $G \subset\subset M$ be a strictly pseudoconvex domain with a smooth C^∞ boundary ; let f be a bounded, $C^\infty(0, 1)$ form in G, $\bar{\partial}f = 0$, and assume that there is a C^∞ function $v : G \to \mathbb{C}$ such that $\bar{\partial}v = f$. Then there is a C^∞ function $u : G \to \mathbb{C}$ such that $\bar{\partial}u = f$ in G and the Hölder norm satisfies $\|u\|_{H^\alpha(G)} \leq c\, \|f\|_{L^\infty(G)}$ for any α, $0 \leq \alpha < \frac{1}{2}$, $c = c(G,\alpha)$.

If the hypothesis "f is bounded" is replaced by "$f \in L^p(G)$, $1 \leq p \leq \infty$" then there is a solution u of $\bar{\partial}u = f$ in G such that $\|u\|_{L^p} \leq c\, \|f\|_{L^p}$.

Note that $L^p(G)$, $H^\alpha(G)$ are well defined once a finite open covering of the compact set $\bar{G}$ has been fixed. Another such covering yields equivalent norms.

The proof of Theorem 2 uses the local theorem in § 1. One can introduce into that local theorem the improvements (for the $\mathbb{C}^n$ case) due to Romanov-Henkin [15] and Øvrelid [13], and obtain Theorem 2 for $\alpha = \frac{1}{2}$ and also an improvement of the p in the second part of the statement.

Remarks about the proof. (The similar L^p case is not considered here). The local step described in 1A. proceeds with no change inside a coordinate patch. The extension lemma with bounds in 1B is still valid because its proof is local. Using the notation of that lemma we can assume (by shrinking $\tilde{G}$) that

$$\tilde{G} = G \cup \{z \; ; \; 0 \leq \lambda(z) < a\} \text{ for some small } a > 0 \; .$$

In G, $f = \tilde{f} - \bar{\partial}\chi$. The difficulty is in showing that there is $\tilde{u} : \tilde{G} \to \mathbb{C}$ such that $\bar{\partial}\tilde{u} = \tilde{f}$ in $\tilde{G}$ and $\|\tilde{u}\|_{L^2(\tilde{G})} \le c \, \|\tilde{f}\|_{L^2(\tilde{G})}$. Because then the rest of the proof proceeds without change (The elliptic estimate is proved by a local argument). The following lemma, which we state without proof here solves the difficulty.

Lemma. Let M be a complex analytic manifold and $G \subset\subset M$ be a strictly pseudoconvex domain with a smooth C^∞ boundary. Let $G(a) = G \cup \{z \in U \; ; \; 0 \le \lambda(z) < a\}$ (U and λ are as in § 1). If the number $a > 0$ is small then $G(a)$ has the following property : Assume $\tilde{f}$ is a $C^\infty(0, 1)$ form in $G(a)$ such that $\bar{\partial}\tilde{f} = 0$, $\|f\|_{L^2(G(a))} < \infty$ and there is a C^∞ function $w : G \to \mathbb{C}$ for which $f = \bar{\partial} w$ in G. Then there is a C^∞ solution $u : G(a) \to \mathbb{C}$ of $\bar{\partial}u = f$ which satisfies $\|u\|_{L^2(G(\frac{1}{2}a))} \le c \, \|f\|_{L^2(G(a))}$ where c is independent of f.

Thus, in the proof of Theorem 2 one uses the lemma with $w = v + \chi$.

2B. Approximation Theorems. An application of Theorem 2 is

Theorem 3. Let M be a complex analytic manifold and $G \subset\subset M$ be a strictly pseudoconvex domain with a smooth boundary. Then any continuous function $h : \bar{G} \to \mathbb{C}$ which is holomorphic in G, is the uniform limit over $\bar{G}$ of a sequence of functions h_n each of which is holomorphic in some neighbourhood of $\bar{G}$.

Theorem 3 extends the corresponding result to arbitrary complex analytic manifolds. The case of M Stein was considered in [8]. See also [5][11].

Sketch of the proof of Theorem 3. The main element is the L^∞ estimate $\|u\|_{L^\infty} \le c \, \|f\|_{L^\infty}$ in Theorem 2 (this is of course implied by the Hölder estimate). We refer to the proof of the corresponding result for Stein manifolds in [8], pp. 324-328. That proof goes through without change, except that in p. 327 one has to solve $\bar{\partial}\tilde{u} = f^\delta$ in G^δ with L^∞ estimates. This can be done using Theorem 2 if f^δ satisfies the additional hypothesis, i.e. if $f^\delta = \bar{\partial}v$ for some $v : G^\delta \to C$.

This is indeed the case because

$$f^{\delta} = \sum_{j=0}^{N} v_{ij}^{\delta}\,\bar{\partial}\,\varphi_j^{\delta} = \sum_{j=0}^{N} (v_i^{\delta} - v_j^{\delta})\,\bar{\partial}\,\varphi_j^{\delta} = -\sum_{j=0}^{N} v_j^{\delta}\,\bar{\partial}\,\varphi_j^{\delta} = -\bar{\partial}\sum_{j=0}^{N} (v_j^{\delta}\varphi_j^{\delta}) \quad .$$

Thus $f^{\delta} = \bar{\partial}v$ in G^{δ} with $v = -\sum_{j=0}^{N} v_j^{\delta}\varphi_j^{\delta}$. (We have used $v_i^{\delta}\sum_{j=0}^{N}\bar{\partial}\varphi_j^{\delta} = 0$. Recall $\sum_{j=0}^{N}\varphi_j^{\delta} = 1$) .

Note. The other approximation theorems contained in Theorem 1.4.1. of [8] also go through to the more general case with the same argument used above. The L^p estimates in Theorem 2 are now required.

§ 3

Bounded and L^2 solutions of $\bar{\partial}u = f$

We now go back to the case of $\mathbb{C}^n$, and G and f are as in § 1. The solution u of $\bar{\partial}u = f$ given by Theorem 1 is bounded (It is Hölder) but it is not canonical is any sense. There were arbitrary choices in its construction. One can obtain a linear operator T such that $u = T(f)$, see [8], but again T is rather arbitrary. The same occurs in [3][6] : The construction of the global kernel involves choices.

On the other hand $f \in L^2(G)$, since G is bounded and $f \in L^{\infty}$. In the L^2 sense there is a distinguished solution $k(z)$ of $\bar{\partial}k = f$. Namely, if H is the space of L^2 holomorphic functions in G, then $k \perp H$ is the condition that makes it unique. This function k is the one which appears in the $\bar{\partial}$ Neumann problem. See [2].

We are interested in the following question : Is the distinguished L^2 solution k bounded ? We prove that this is true if G is a ball in $\mathbb{C}^n$. The general case remains open and can be reduced to a property of the Bergman kernel function of G. Interest in these questions motivated [9].

3A. Note that H is a closed subspace of the Hilbert space $L^2(G)$ and let $P : L^2 \to H$ be the orthogonal projection. Clearly $k = u - Pu$ where u is, e.g., the solution furnished by Theorem 1. Now P can be expressed using the Bergman kernel function $K_G(z, w)$ of the domain G as

$$Pv(z) = \int_{w \in G} K(z, w)\, v(w)\, dw\,, \qquad z \in G,\ v \in L^2(G)\,.$$

Here $K(z, w) = \Sigma\, \varphi_j(z)\, \bar{\varphi}_j(w)$ and $(\varphi_j)_j$ is any complete orthonormal system of H. See e.g. [4]. In particular, setting $v = 1$ one checks that $\int_{w \in G} K(z, w)dw = 1$. Thus

$$k(z) = u(z) - Pu(z) = \int [u(z) - u(w)]\, K(z, w)\, dw$$

The Hölder condition for u yields

$$|k(z)| \leq c\, \|f\|_{L^\infty} \int |z - w|^\alpha\, |K(z, w)|\, dw \qquad 0 \leq \alpha < \tfrac{1}{2}$$

and we thus obtain the following.

<u>Theorem</u>. <u>If the Bergman kernel function</u> $K(z, w)$ <u>of the strictly pseudoconvex domain</u> G <u>with a smooth boundary, satisfies</u>

$$(4) \qquad \int |z - w|^\alpha\, |K(z, w)|\, dw \leq A < \infty\,, \qquad z \in G$$

<u>where the number</u> A <u>is independant of</u> $z \in G$ <u>and</u> α <u>is some arbitrary fixed number,</u> $\alpha < \frac{1}{2}$, <u>then</u> $\|k\|_{L^\infty} \leq c\, \|f\|_{L^\infty}$.

Note that for each z the integral (4) is always finite since $K(z, w)$ is in L^2 as a function of w. The content of (4) is that A should not depend on z.

If $\alpha = 0$ then (4) is false, even for balls. Thus to prove by this method that k is bounded one has to know that a Hölder solution exists.

We conjecture that (4) always holds for such a G, but we can prove it only in the case of the ball, as follows.

3B. The case of the ball. Let now $G = \{z \in \mathbb{C}^n ; |z| < 1\}$, i.e. G is the unit ball in $\mathbb{C}^n$ which is clearly strictly pseudoconvex with a smooth boundary. The Bergman kernel function of G is

$$K(z, w) = c_n \frac{1}{(1 - \langle z, w\rangle)^{n+1}} .$$

where $\langle z, w\rangle = \sum_{i=1}^{n} z_i \bar{w}_i$ and c_n is a constant, See [4] .

Lemma. For any $\alpha > 0$

$$I(z) = \int_{w \in G} \frac{|z - w|^{\alpha}}{|1 - \langle z, w\rangle|^{n+1}} \, dw \leq C_\alpha < \infty \tag{5}$$

where C_α is independent of z, $|z| < 1$.

The lemma proves (4) in the case of the ball.

Proof of the lemma. (Different constants C_α will be denoted by c). By symmetry, it suffices to consider the case when $z = (p, 0, \dots , 0)$ with $0 \leq p < 1$. Let $w = (\xi, \eta)$ where $\xi = w_1$ and $\eta = (w_2, \dots , w_n)$.

Setting $z = (p, 0, \dots , 0)$, estimating $|z - w|^{\alpha} \leq c \, (|\xi - p|^{\alpha} + |\eta|^{\alpha})$ and integrating first in $\eta \in \mathbb{C}^{n-1} \approx R^{2n-2}$ we obtain $I(z) \leq I_1(z) + I_2(z)$ where

$$I_1(z) = c \int_{|\xi| < 1} \frac{|\xi - p|^{\alpha}}{|1 - \xi p|^{n+1}} (1 - |\xi|)^{n-1} \, d\xi$$

and

$$I_2(z) = c \int_{|\xi| < 1} \frac{(1 - |\xi|)^{n-1+\beta}}{|1 - \xi p|^{n+1}} \, d\xi, \quad \beta = \tfrac{1}{2} \alpha .$$

Both integrals are computed on the unit disc in R^2.

Claim. Let $\xi = x + iy$, $|\xi| < 1$ and $0 \leq p < 1$. Then $1 - |\xi| \leq |1 - \xi p|$.

Proof of claim. If $x \leq 0$ then $1 - |\xi| \leq 1 \leq |1 - \xi p|$. If $x > 0$ then $1 - |\xi| \leq 1 - x \leq 1 - xp = \operatorname{Re} (1 - \xi p) \leq |1 - \xi p|$, which proves the claim.

End of the proof of the lemma. By the claim

$$I_1(z) \le c \int_{|\xi|<1} \frac{|\xi-p|^{\alpha}}{|1-\xi p|^2} |d\xi| .$$

But $|\xi-p| \le |1-\xi p|$ (This is because the maximum modulus of the holomorphic function $\frac{\xi-p}{1-\xi p}$ occurs for $|\xi| = 1$ and its value is 1). Thus

$$I_1(z) \le c \int |\xi-p|^{\alpha-2} \le c < \infty$$

where c is independant of p(recall $\alpha > 0$).

I_2 is estimated in a similar way : $(1-|\xi|)^{n-1+\beta} \le |1-\xi p|^{n-1+\beta}$

and thus $I_2(z) \le c \int \frac{1}{|1-\xi p|^{2-\beta}} \le c \int \frac{1}{|\xi - p|^{2-\beta}} \le c$ independent of p

(recall $\beta = \frac{1}{2}\alpha > 0$).

This completes the proof of the lemma and of the following theorem.

Theorem. If f is a C^{∞}, (0, 1) form defined in a ball in $\mathbb{C}^n$, such that $\bar{\partial} f = 0$ and $\|f\|_{L^{\infty}} < \infty$, then the solution k of $\bar{\partial} k = f$ which is L^2 orthogonal to H, happens to be a bounded function.

References

[1] BERS, L. - Introduction to several complex veriables. Lecture notes, New York University, 1962 - 1963.

[2] FOLLAND, G. and KOHN, J.J. - The Neumann problem for the Cauchy-Riemann complex. Annals of Mathematics Studies 75. Princeton University Press, 1972.

[3] GRAUERT, H. and LIEB, I. - Das Ramirezsche Integral und die Lösung der Gleichung $\bar{\partial} f = \alpha$ im Bereich der beschränkten Formen. Rice Univ. Studies 56 (1970) no. 2 29-50.

[4] HELGASON, S. - Differential Geometry and Symmetric Spaces. New York, Academic Press, 1962.

[5] HENKIN, G.M. - Integral representations of functions holomorphic in strictly pseudoconvex domains and some applications. Mat. Sb. 78 (120) (1969), 611-632. Eng. trl. Math. USSR Sb. 7 (1969) 597 - 616.

[6] HENKIN, G.M. - Integral representations for functions in strictly pseudoconvex domains and application to the $\bar\partial$ problem. Mat. Sb. 82 (124) (1970), 300-308. Eng. trl. Math. USSR Sb. 11 (1970) 273 - 282.

[7] HÖRMANDER, L. - An introduction to complex ananalysis in several variables. Van Nostrand, Princeton 1966.

[8] KERZMAN, N. - Hölder and L^p estimates for solutions of $\bar\partial u = f$ in strongly pseudoconvex domains. Comm. Pure Appl. Math. 24 (1971) 301 - 379.

[9] KERZMAN, N. - The Bergman kernel function. Differentiability at the boundary. Math. Annalen, 195, 1972, 149 - 158.

[10] LIEB, I. - Die Cauchy-Riemannschen Differentialgleichungen auf streng pseudokonvexen Gebieten. I. Beschrankte Losungen II.Stetige Randwerte. Math. Annalen, 190, 1970, 6 - 45.

[11] LIEB, I. - Ein approximationssatz auf streng Pseudokonvexen Gebieten, Mat. Annalen 184. 1969, 56-60.

[12] OVRELID, N. - Integral representation formulas and L^p estimates for the $\bar\partial$ - equation. Math. Scan. (29) 1971, 137 - 160.

[13] ØVRELID, N. - Proceedings of this conference.

[14] RAMIREZ de A. E. - Ein divisionsproblem und Randintegraldarstellungen in der komplexen Analysis, Math. Annalen 184, 1970, 172 - 187.

[15] ROMANOV, A.V. and HENKIN, G.M. - Exact Hölder estimates for the solutions of the $\bar\partial$ equation. Izv., Mat, 35 (1971) no. 5, 1180 - 1192. Eng. trl. Math. USSR Izv. Vol. 5 (1971) no. 5 1180 - 1192.

[16] ROSSI, H. - Strongly pseudoconvex domains. Lecture notes in modern analysis and applications I. Springer Verlag, Vol. 103, 1969, 10-29.

COMPORTEMENT ASYMPTOTIQUE DES TRANSFORMEES DE FOURIER DE DISTRIBUTIONS A SUPPORT COMPACT

par J. VAUTHIER

INTRODUCTION

L'étude par A. Beurling de la famille de fonctions sous-harmoniques $\{(1/t)\log|f(tz)|\}$ $t > 0$, associées à une fonction entière de type exponentiel dans $\underline{C}$, bornée sur $\underline{R}$, lui permit de retrouver le théorème de Dame Cartwright sur la densité des zéros d'une telle fonction entière, Plus précisément, Beurling prouve le théorème suivant [1] :

Théorème 1 : *Soit* f *une fonction entière de type exponentiel, bornée dans le domaine réel. Lorsque* t *tend vers l'infini,* $(1/t)\log|f(tz)|$ *a pour limite dans* $L^1_{loc}(C)$, $H_K(\mathrm{Im}(z))$, *où* H_K *est la fonction supportante de l'enveloppe convexe du support de la distribution dont* f *est la transformée de Fourier.*

(Si K est un convexe de $\underline{R}^n$, $H_K(x) = \mathrm{Sup} < t,x >$ pour t parcourant K et où $<, >$ est le produit scalaire euclidien standard.)

De ce résultat de convergence, en utilisant la continuité du laplacien pour la topologie de l'espace des distributions, on déduit que

$(1/t)\Delta\log|f(tz)|$ converge vaguement vers $\Delta H_K(\mathrm{Im}(z))$ et prenant la masse du disque unité, on obtient [4] :

Théorème 2 (Cartwright) : *Soit* f *une fonction entière de type exponentiel dans* $\underline{C}$, *bornée dans le domaine réel, soit* $n(r;f)$ *le nombre de zéros de* f *dans le disque de centre l'origine et de rayon* r, *alors* $(1/r)n(r;f)$ *a une limite lorsque* r *augmente indéfiniment.*

On sait exactement la valeur de la limite et cela permet, en particulier de retrouver le théorème de Titchmarsh sur le support d'une convolution.

Il était alors tentant de suivre cette voie en dimension n[9]. Hélas, tout l'édifice s'écroule car nous construisons un exemple de fonction entière de type exponentiel dans $\underline{C}^2$, bornée dans le domaine réel qui ne satisfait pas un résultat de convergence du type de Beurling.

LE CONE DE BEURLING.

Nous avons montré [10] que le théorème de Beurling subsistait sur un sous-ensemble $\mathcal{B}$ de $\underline{C}^n$ défini par :

$$\mathcal{B} = \{z \in \underline{C}^n \; / \; z = \zeta x \quad \text{où} \quad \zeta \in \underline{C} \quad \text{et} \quad x \in S^{n-1}\}$$

S^{n-1} étant la sphère unité de R^{n-1}. C'est ce cône que nous appelons cône de Beurling. Le théorème s'énonce :

<u>Théorème 3</u> : <u>Soit</u> $d\zeta \otimes dx$ <u>la mesure produit des mesures d'aire sur</u> C <u>et</u> S^{n-1}. <u>Alors</u> $(1/t)\log|f(tz)|$ <u>tend vers</u> $H_K(\mathrm{Im}(z))$ <u>dans</u> $L^1_{loc}(\mathcal{B})$ <u>lorsque</u> t <u>tend vers l'infini, sous les mêmes hypothèses et notations que dans le théorème 1</u>.

Ce théorème ne subsiste pas si l'on remplace $\mathcal{B}$ par $\underline{C}^n$ comme le prouve l'exemple suivant dans $\underline{C}^2$:

$$F_2(z) = \cos\left(\sqrt{\zeta_1^2+\zeta_2^2}\right) \quad \text{avec} \quad z = (\zeta_1, \zeta_2),$$

où $H_K(\mathrm{Im}(z)) = |\mathrm{Im}(z)|$ et $\lim (1/t)\log|F_2(tz)| = |\mathrm{Im}(\sqrt{\zeta_1^2+\zeta_2^2})|$ avec :

$$|\mathrm{Im}\sqrt{\zeta_1^2+\zeta_2^2})| \leq |\mathrm{Im}(z)|,$$

l'égalité n'ayant lieu que sur le cône $\mathcal{B}$.

Il n'est pas très compliqué de construire une fonction entière F_1 de type exponentiel dont l'indicatrice radiale est $|\mathrm{Im}(z)|$: on utilise des masses de

Dirac réparties aux sommets d'un polygone régulier de 2^n côtés inscrit dans le cercle unité et on fait tendre n vers l'infini. On a alors :

$$(1/t)\log|F_1(tz)| \text{ tend vers } |\mathrm{Im}(z)| \text{ presque partout}$$

et

$$(1/t)\log|F_2(tz)| \text{ tend vers } |\mathrm{Im}(\sqrt{\zeta_1^2+\zeta_2})| \text{ presque partout.}$$

Pour obtenir un résultat dans $L^1_{loc}(\underline{C}^2)$, on utilise un argument de théorie du potentiel qui permet de prouver le

Théorème 4 : Soit F une fonction entière de type exponentiel, si $(1/t)\log F(tz)$ tend vers $\psi(z)$ presque partout sur un cône Γ, alors il y a convergence dans $L^1_{loc}(\Gamma)$.

On pourrait alors envisager de recoller F_1 et F_2 en une fonction entière F dont l'indicatrice "oscillerait" entre $|\mathrm{Im}(z)|$ et $|\mathrm{Im}(\sqrt{\zeta_1^2+\zeta_2^2})|$ ce qui fournirait un contre-exemple à un théorème du type de Beurling en n variables. Malheureusement, si l'on veut résoudre le $\bar\partial$-problème suivant par la méthode de Hörmander

$$\bar\partial V = \bar\partial h(F_1 - F_2),$$

où h est une fonction $\mathcal{C}^\infty$, $0 \leq h \leq 1$ et $h = 1$ sur certaines couronnes et $h = 0$ sur d'autres, rien ne prouve a priori que l'on ne trouve pas $V = h(F_1 - F_2)$ i.e. $F = 0$. Pour éviter cela, il suffirait de prendre un poids plurisousharmonique qui oscillerait entre $|\mathrm{Im}(z)|$ et $|\mathrm{Im}(\sqrt{\zeta_1^2+\zeta_2^2})|$ malheureusement aucune d'entre elles n'est strictement plurisousharmonique et comme nous voulons une fonction qui soit bornée dans le domaine réel cela ne nous permet pas de rajouter plus qu'une fonction $\omega(|z|)$ avec

$$\int_0^\infty \frac{\omega(t)dt}{1+t^2} < +\infty$$

pour pouvoir utiliser un multiplicateur au sens de Beurling-Malliavin.

Nous montrons maintenant comment on peut quand même construire la fonction cherchée.

UN CONTRE-EXEMPLE A UN THEOREME DU TYPE DE BEURLING EN DIMENSION n.

D'après ce qui précède, il suffit de trouver une fonction entière de type exponentiel à croissance assez lente dans le domaine réel, dont l'indicatrice est strictement plurisousharmonique dans un cône.

Théorème 5 : Soit K un compact du complémentaire de $\mathcal{B}$ dans $\underline{C}^2$, Γ_K le cône engendré par K, il existe une fonction entière G de type exponentiel telle que :

1) $|G(z)| \leq C(1 + |z|)^N \exp(2|\mathrm{Im}(z)|)$ pour tout z.

2) $|G(z)| \leq C(1 + |z|)^N \exp(\Phi(z))$ pour tout z dans Γ_K, où Φ est une fonction strictement plurisousharmonique en dehors de $\mathcal{B}$.

3) Il existe une suite $\{t_p\}$ de nombre strictement positifs ayant pour limite l'infini telle que $(1/t_p)\log(|G(t_p z)|)$ a pour limite $\Phi(z)$ dans $L^1_{loc}(\Gamma_K)$.

Nous allons montrer comment on obtient le contre-exemple cherché à partir de ce théorème puis nous donnerons quelques indications sur la démonstration du théorème ci-dessus.

Théorème 6 : Il existe une fonction entière de type exponentiel dans $\underline{C}^2$ telle que $(1/t)\log|F(tz)|$ n'a pas de limite dans $\mathcal{D}'(\underline{C}^2)$.

Soit $B(z_o; r)$ une boule incluse dans Γ_K ; la stricte plurisousharmonicité de Φ permet de prouver sans difficultés le

Lemme : Il existe $\delta, 0 \leq \delta \leq 1$, et pour toute suite $\{t_n\}$ donnée, on peut extraire une sous-suite $\{t_{n_k}\}$ et trouver une fonction U de classe $\mathcal{C}^2$ ayant les propriétés suivantes :

1) $0 \leq U \leq 1$ partout.

2) <u>Le support de U est inclus dans la réunion des boules</u> $B(t_{n_k} z_o ; 2t_{n_k} r)$.

3) $U \equiv 1$ <u>sur la réunion des boules</u> $B(t_{n_k} z_o ; t_{n_k} r)$.

4) $L \Phi$ <u>est plurisousharmonique où</u> $L = 1 - \delta U$.

On considère la fonction G et la suite extraite de la suite $\{t_n\}$, que nous notons de la même manière, du théorème 5 pour pouvoir utiliser le lemme précédent. On résout le $\bar{\partial}$-problème suivant :

$$\bar{\partial} V = \bar{\partial} h G$$

avec le poids :

$$\psi = 2L\Phi + 4\log(1 + |z|^2),$$

où h est une fonction de classe $\mathcal{C}^\infty$ qui satisfait aux conditions suivantes

1) $0 \leq h \leq 1$ partout.

2) $|\bar{\partial} h| \leq 1$ partout.

3) Le support de $\bar{\partial} h$ est inclus dans le complémentaire de la réunion des boules fermées $\bar{B}(t_n z_o ; t_n r)$.

4) $h \equiv 0$ (resp. $h \equiv 1$) sur la réunion des boules fermées $\bar{B}(t_n z_o ; t_n r)$ avec n pair (resp. n impair).

La solution V donnée par le théorème de Hörmander (4.4.1 page 92 dans [7]) vérifie alors :

$$\int |V|^2 e^{-\psi} d\lambda < 100.$$

Ceci donne la majoration suivante pour V :

$$|V(z)| \leq 10(1 + |z|)^4 \exp(L(z)\Phi(z)) \quad \text{pour tout } z.$$

La fonction $\widetilde{F} = hG - V$ est entière, de type exponentiel et l'on fait disparaître sa croissance polynomiale sur le domaine réel en utilisant un multiplicateur M_ε d'ordre ε. On pose alors

$$F = \widetilde{F}.M_\varepsilon.$$

Pour toute fonction q positive à support compact inclus dans $B(z_o;r)$, et pour la suite $\{t'_n = t_{2n}\}$ nous avons :

$$\text{lim.sup.} \int (1/t'_n)\log(|F(t'_n z)|)q(z)d\lambda(z) \leq (1-\delta)\int \Phi(z)q(z)d\lambda + \int m_\varepsilon(z)q(z)d\lambda ,$$

où m_ε est l'indicatrice de M_ε.

D'autre part, si $\{t''_n = t_{2n+1}\}$, nous avons :

$$\lim(1/t''_n)\log|F(t''_n z)| = \Phi(z) + m_\varepsilon(z)$$

dans $L^1(B(z_o;r))$, le multiplicateur satisfaisant le théorème de Beurling.

Ceci termine la preuve du théorème 6, et donc, en utilisant le laplacien, prouve le

<u>Théorème 7</u> : <u>Il existe une fonction entière</u> F, <u>de type exponentiel dans</u> $\underline{C}$ <u>bornée dans le domaine réel</u>, <u>telle que si</u> $A(r;F)$ <u>désigne l'aire euclidienne de la portion de la variété des zéros de</u> F <u>limitée par la sphère de centre l'origine et de rayon</u> r, <u>la quantité</u>

$$(1/r^3)A(r;F)$$

<u>n'a pas de limite lorsque</u> r <u>tend vers l'infini</u>.

Pour prouver le théorème 5 il faut trouver une fonction Φ qui sera strictement plurisousharmonique. Notons $\mathcal{M}$ la classe des fonctions γ plurisousharmoniques dans $\underline{C}^2$, homogènes de degré 1 et telles que

$$\gamma(z) \leq A|\text{Im}(z)| \quad \text{pour tout } z.$$

Les indicatrices de F_1 et de F_2 sont dans cette classe. Remarquons que tout élément de $\mathcal{M}$ s'écrit comme une fonction convexe de $\mathrm{Im}(z)$ pour z dans le cône de Beurling $\mathcal{B}$ et donc ne saurait être strictement plurisousharmonique dans tout l'espace. Monsieur Hörmander nous a donné l'idée de la construction d'une fonction Φ de la classe $\mathcal{M}$ qui soit strictement plurisousharmonique en dehors de $\mathcal{B}$.

Proposition : Il existe dans $\mathcal{M}$ une fonction Φ strictement plurisousharmonique en dehors de $\mathcal{B}$.

Pour démontrer cette proposition, on utilise les deux indicatrices que nous avons sous la main i_{F_1} et i_{F_2} de la manière suivante : on pose

$$\Phi = i_{F_1} + \int_{GL(2,R)} i_{F_2}(w.z)h(w)\pi_w$$

où h est une fonction positive sur $GL(2,\underline{R})$ d'intégrale égale à 1 pour la mesure de Haar π_w et où $w.z = w.\mathrm{Re}(z) + iw.\mathrm{Im}(z)$. Comme $GL(2,\underline{R})$ opère simplement transitivement sur le complémentaire du cône $\mathcal{B}$, que le noyau de $\partial\bar{\partial}\, i_{F_1}$ est le complexifié de la direction $\mathrm{Im}(z)$, on se ramène à un calcul de laplacien en utilisant le théorème de Stokes au point $(2,i)$ sur la droite précédente.

Nous savons alors que Φ est l'indicatrice radiale régularisée d'une fonction entière grâce au théorème de Kiselman-Martineau ; il nous faut obtenir un résultat beaucoup plus précis de convergence, pour cela nous devons construire une fonction f telle que :

$(1/t)\log|f(tz)|$ ait pour limite $\int_{GL_2} i_F(w.z)h(w)\pi_w$

pour presque tout z dans un cône ; on utilisera alors le théorème 4 pour obtenir une convergence dans L^1_{loc} de ce cône. Nous construisons cette fonction en recollant, de nouveau par le théorème de Hörmander, les fonctions f_n qui admettent pour indicatrices une suite extraite convenable des sommes de Darboux qui définissent l'intégrale sur $GL(2;\underline{R})$. Ces sommes sont elles-mêmes des indicatrices car ce sont des combinaisons linéaires à coefficients positifs de telles indicatrices. On résout ainsi

$$\bar{\partial}V_n = \bar{\partial}h_n . f_n$$

avec $h_n = 0$ si $|z| < a_n$ et $h_n = 1$ si $|z| > a_n+1$ pour une suite convenable de poids $\psi_n = 2b_n\varphi_n$ où φ_n est la suite extraite définie ci-dessus. Pour les détails techniques de toutes ces démonstration nous renvoyons à [11].

BIBLIOGRAPHIE

[1] A. BEURLING: Séminaires de l'Institute for Advanced Study (Princeton).

[2] A. BEURLING § P. MALLIAVIN : On zéros of functions of exponential type (non publié).

[3] R. BOAS : Entire functions (Academic press - 1954).

[4] M.L. CARTWRIGHT : On integral functions of integral order (Proceedings of the London Mathematical society (2), 33, p.209-224, (1931)).

[5] M. HEINS : On the Phragmèn—Lindelöf principle (Transaction of the American Mathematical Society, 60, 1946, p.238-244).

[6] L. HORMANDER : L^2 estimates and existence theorems for the $\bar{\partial}$-operator. (Acta Mathematica, 113, p.89-152,1965).

[7] L. HORMANDER : Complex analysis in several variables (Van Nostrand 1966).

[8] P. LELONG : Fonctionnelles analytiques et fonctions entières (n variables). Séminaire de mathématiques supérieures de l'Université de Montréal (1967).

[9] P. MALLIAVIN : Cours de troisième cycle à l'institut Henri Poincaré (Paris 1968-69).

[10] J. VAUTHIER : Comportement asymtotique des transformées de Fourier de distributions à support compact (C.R.A.S. Paris, tome 270, série A p. 854-856, 1970).

[11] J. VAUTHIER : Comportement asymptotique des fonction entières de type exponentiel bornées dans le domaine réel (à paraître au journal of Functional Analysis).

FONCTIONS PRESQUE PERIODIQUES

SERIES ADHERENTES

S. MANDELBROJT

1. Nous commençons par un théorème qui explicite le principe suivant. Lorsqu'une fonction presque périodique f (de H. Bohr, par exemple) admet parmi ses exposants un ensemble Λ_ω, composé de tous ceux dont la partie fractionnaire est égale à ω, tel que ses éléments sont assez dispersés, la somme des inverses des modules de ces éléments étant, par exemple, convergente, les valeurs de f sur l'ensemble d'intervalles $[x_0 - \pi\alpha , x_0 + \pi\alpha]$ modulo 2π, x_0 arbitraire, $0 < \alpha < 1$ quelconque, définissent complètement les coefficients de Fourier correspondant à ces exposants.

On peut à partir de là évaluer ces coefficients en connaissant la borne supérieure de $|f|$ sur cet ensemble d'intervalles.

Pour toutes les valeurs λ ($\lambda \in \mathbb{R}$), sauf pour un ensemble dénombrables $\{\lambda_n\}$ au plus, la valeur moyenne de $f(x)\, e^{i\lambda x}$ sur $[t_0, \infty]$, t_0 quelconque, est nulle. Les valeurs moyennes correspondant à $\lambda = \lambda_n$ sont les coefficients de Fourier de f, la suite $\{\lambda_n\}$, elle-même, est la suite d'exposants de f.

$$M\left(f(x)\, e^{i\lambda x}\right) = \lim_{T\to\infty} \frac{1}{T}\int_{t_0}^{T} f(x)\, e^{i\lambda x}\, dx = \begin{cases} A_n , & \text{si } \lambda = \lambda_n \\ 0 , & \text{si } \lambda \notin \{\lambda_n\} . \end{cases}$$

<u>Théorème 1</u>. f <u>étant une fonction presque périodique</u> (de H. Bohr) <u>désignons par</u> $\{\lambda_n\}$ <u>et</u> $\{A_n\}$ <u>respectivement les exposants et les coefficients de Fourier de</u> f.

<u>Soit</u> $[\lambda_n]$ <u>la partie entière de</u> λ_n <u>et soit</u> (λ_n) <u>sa partie fractionnaire</u> : $(\lambda_n) = \lambda_n - [\lambda_n]$.

<u>Posons</u> :

$$\Lambda_\omega \equiv \{\lambda_n \mid (\lambda_n) = \omega\}$$

$$[\Lambda_\omega] \equiv \{[\lambda_n] \mid (\lambda_n) = \omega\} .$$

<u>Si</u> Λ_ω <u>n'est pas vide, si</u> $0 \notin \Lambda_\omega$, <u>et si</u>

(1) $$\sum_{\lambda \in \Lambda_\omega} \frac{1}{|\lambda|} < \infty ,$$

<u>à tout</u> $\lambda_k \in \Lambda_\omega$, <u>à tout entier positif</u> p, <u>et à tout</u> α, <u>avec</u> $0 < \alpha < 1$, <u>correspond une fonction paire</u>, p <u>fois dérivable</u>, F , <u>de support</u> $[-\alpha\pi , \alpha\pi]$ <u>telle qu'en écrivant</u>

$$F(x) = K_{k,p,\alpha,[\Lambda_\omega]}(x) = \sum_n D_n^{(\alpha,k)} \cos n x \quad (1) ,$$

<u>on a</u> $D^{(\alpha,k)}_{|[\lambda_k]|} \neq 0$, <u>et pour tout</u> $x_o \in \mathbb{R}$:

(2) $$\lim_{n\to\infty} \frac{1}{2n\pi} \sum_{1\leq q\leq n} \int_{x_o+2q\pi-\alpha\pi}^{x_o+2q\pi+\alpha\pi} f(x)\, F(x-x_o-2q\pi)\, e^{i\omega x}\, dx = \tfrac{1}{2} D^{(\alpha,k)}_{|[\lambda_k]|} A_k\, e^{i\omega x_o} .$$

<u>En désignant par</u> E <u>l'ensemble des valeurs prises par</u> $|[\lambda_n]|$ <u>rangées dans un ordre croissant, et en posant</u>

(3) $$\Lambda_k(z) = \prod_{\substack{m \in E \\ m \neq |[\lambda_k]|}} \left(1 - \frac{z^2}{m^2}\right) ,$$

il existe un $\ell > 0$ tel que pour k suffisamment grand

(4) $$|D_k^{(\alpha,k)}| \geq \ell \mid \Lambda_k([\lambda_k]) .$$

<u>Si</u> f <u>est</u> r <u>fois avec</u> $r \leq p$ <u>dérivable sur</u>

(5) $$\bigcup_{1\leq q\leq n} [x_o + 2q\pi - \alpha\pi , x_o + 2q\pi + \alpha\pi] ,$$

---

(1) Les coefficients D_n dépendent évidemment aussi de la suite $[\Lambda_\omega]$ et de p .

on a

$$(6) \qquad \lim_{n \to \infty} \frac{1}{2n\pi} \sum_{1 \leq q \leq n} \int_{x_o+2q\pi-\alpha\pi}^{x_o+2q\pi+\alpha\pi} f^{(r)}(x)\, F(x - x_o - 2q\,\pi)\, e^{i\omega x}\, dx$$

$$= \tfrac{1}{2}\, i^r\, [\lambda_k]^r\, D^{(\alpha,k)}_{|[\lambda_k]|}\, A_k\, e^{ix_o\omega} .$$

Démonstration. La fonction $F_k(z)$ définie par (101) dans [3], où $\{n_j\}$ est remplacé par la suite E, et où $k \neq j$ est remplacé -en écrivant $\Lambda_k(z)$ sous la forme indiquée dans notre énoncé par (3)- par $m \neq |[\lambda_k]|$, joue le rôle de la fonction F de l'énoncé présent.

Les formules (98) et (107) de [3] montrent que $D^{(\alpha,k)}_{[\lambda_n]} = 0$ pour $[\lambda_n] \in [\Lambda_\omega]$ lorsque $n \neq k$.

Prolongeons $F(x)$ périodiquement, de période 2π, et, tout en gardant à cette fonction la même notation, posons $\Phi(x) = F(x)\, e^{i\omega x}$.

$\Phi(x)$ est une fonction presque périodique avec des exposants de la forme μ_n tels que $(\mu_n) = \omega$. Les seuls exposants communs à f et Φ sont ceux appartenant à Λ_ω -on écrit cette fois-ci Φ sous la forme d'une somme d'exponentielles- et les coefficients de Fourier de F d'indice $\nu = [\lambda_m] \subset [\Lambda_\omega]$ sont nuls lorsque $\nu \neq [\lambda_k]$. D'autre part, le support de Φ est l'ensemble

$$\bigcup_q \, [2\,q\,\pi - \alpha\,\pi\,,\; 2\,q\,\pi + \alpha\,\pi] \;.$$

Il suffit alors d'utiliser le théorème équivalent au théorème de W. H. Young à f et à $\Phi(x - x_o)$ (c'est-à-dire le théorème de Parseval pour $(f + \Phi(x - x_o))$ pour obtenir (2).

Quant à (6) on obtient facilement la même égalité lorsque, sous le signe d'intégrale, on remplace $f^{(r)}(x)\, F(x - x_o + 2\,q\,\pi)\, e^{i\omega x}$ par $f(x)\, (F(x - x_o + r\,q\,\pi)\, e^{i\omega x})^{(r)}$ en intégrant ensuite r fois par parties.

Le théorème 1 contient comme cas particulier celui énoncé dans [2] (et [3]), où il s'agit d'une fonction $f \in L$ sur $[-\pi, \pi]$ et dont la série de Fourier est de la forme

$$f(x) \sim \Sigma\,(a_j \cos n_j x + b_j \sin n_j x)$$

avec

$$\Sigma \frac{1}{n_j} < \infty .$$

Nous avons pu alors évaluer les coefficients à partir des valeurs prises par f sur un intervalle arbitrairement petit $[-\alpha\pi, \alpha\pi]$ $(0 < \alpha < 1)$. Dans le théorème 1, il est vrai, il s'agit des fonctions presque périodiques de Bohr, donc continues, mais le même théorème est valable pour les fonctions de Stepanoff ou de Besicovitch. Dans le cas des séries de Fourier, f appartenant à L sur $[-\pi, \pi]$, la suite $\{\lambda_n\}$ est composée d'un seul Λ_ω, à savoir celui où $\omega = 0$, c'est-à-dire où les λ_n sont tous entiers.

2. Nous allons nous occuper d'un sujet différent de celui traité plus haut. Mais, comme nous verrons dans la dernière partie de cette conférence, et comme on l'a d'ailleurs vu dans [3] pour des énoncés différents de ceux traités ici mais voisins, la méthode employée pour la démonstration de ce qui suit est bien semblable à celle dont nous venons d'indiquer les grandes lignes dans le premier paragraphe.

Le fait que nous allons mentionner est aussi valable pour les séries qui adhèrent à une fonction $f(s)$ $(s = \sigma + i\,t)$ dans un domaine placé dans un demi-plan $\sigma > \sigma'$ (à condition, bien entendu, qu'une condition correspondante d'adhérence soit satisfaite). Toutefois, comme il s'agit seulement d'indiquer le principe d'un phénomène que nous désirons introduire, il paraît plus simple de se borner aux séries de Dirichlet convergentes.

Rappelons d'abord que d'après le théorème B démontré dans [4], il existe des séries de Dirichlet

$$(7) \qquad f(s) = \Sigma a_n e^{-\lambda_n s}$$

avec $\sigma_c = 0$, avec la densité supérieure D^* de $\{\lambda_n\}$ égale à p^{-1} où p est un entier positif quelconque donné d'avance, le prolongement analytique de (7) étant holomorphe sur la demi-bande $|t| \leq \pi D^*$, $\sigma \geq -\mu D^*$, où

$$\mu \sim \log D^* \quad (1)$$

lorsque $D^* \to 0$.

Autrement dit, le canal le long duquel on peut prolonger f peut être de largeur supérieure à $2\pi D^*$, la longueur de sa ligne centrale (lieu des centres des disques de ce canal) étant aussi grande qu'on veut par rapport à la largeur du canal, pourvu que D^* tende vers zéro.

On peut alors se poser la question suivante. Peut-on prolonger f sur la surface de Riemann de la fonction sur un canal dont la projection sur le plan est de largeur supérieure à $2\pi D'$, dont la longueur de la ligne centrale est arbitrairement grande, cette projection restant dans un demi-plan $\sigma > \sigma'$, le maximum de $|f(s)|$ sur une suite de disques de ce canal tendant vers zéro ? La réponse à cette question est négative.

On a, en effet, l'énoncé suivant :

<u>Théorème 2</u>. <u>Supposons que la fonction</u> $f(s)$ <u>donnée par</u> (7) <u>puisse etre prolongée sur sa surface de Riemann sur un canal</u> $\mathfrak{C}$ <u>dont la projection sur le plan complexe est de largeur supérieure à</u> $2\pi D^*$.

---

(1) L'affirmation devient évidemment triviale si $|t| \leq \pi D^*$ est remplacé par $|t| < \pi D^*$.

Désignons par C_{s_0} l'ensemble des disques de $\mathfrak{S}$ qui se projettent sur le disque $|s - s_0| \leq \pi D^*$. Si

$$\inf_{C \in C_{s_0}} \max_{C} |f(s)| = 0 ,$$

$f(s)$ est identiquement nulle.

Ceci résulte d'une application immédiate de l'inégalité générale (fondamentale) que nous avons établie pour les séries adhérentes, et en particulier pour les séries de Dirichlet admettant une abscisse de convergence (voir théorème 3. 7. 1 dans [1]).

Rien dans cet énoncé n'empêche à la ligne centrale du canal de se couper un nombre fini quelconque de fois.

3. Cette dernière partie de mon exposé est consacrée à la comparaison des méthodes utilisées, d'une part, pour démontrer la possibilité du "prolongement" des propriétés (d'une fonction appartenant à L) ayant lieu sur un intervalle partiel de $[-\pi, \pi]$ à l'intervalle tout entier, pourvu que les exposants soient assez rares ; et, d'autre part, pour démontrer l'inégalité fondamentale portant sur les coefficients d'une série adhérente. Dans les deux cas, d'ailleurs, il s'agit d'une inégalité portant sur les coefficients : dans le cas des fonctions de la variable réelle on évalue les coefficients à partir d'une intégrale portant sur le produit de la fonction f par une fonction-type définie à partir de l'intervalle où les propriétés de f sont connues, dans le second cas (inégalité fondamentale) on évalue les coefficients d'une série adhérente à f (ou sa série de Dirichlet, si celle-ci converge) en partant des valeurs de f sur un disque faisant partie d'un canal de largeur supérieure à πD^*, où D^* est la densité supérieure des exposants de la série.

Ainsi, si

$$f \in L[-\pi, \pi]$$

$$f(x) \sim \Sigma (a_j \cos n_j x + b_j \sin n_j x)$$

$$\Sigma \frac{1}{n_j} < \infty ,$$

on considère

$$\Lambda(z) = \Pi \left(1 - \frac{z^2}{n_j^2}\right) = \Sigma (-1)^n c_n z^{2n}$$

et on considère que : $c_n > 0$, $-\log c_n$ est une fonction convexe de n et

$$\Sigma \left(\frac{c_{n+1}}{c_n} \right)^{\frac{1}{2}} < \infty .$$

D'après les critères de la quasi-analyticité (ou, plutôt, de la non quasi-analyticité, comme c'est le cas ici) on voit sans grande difficulté qu'on peut construire une fonction φ_k ($k > 0$, entier, étant donné) possédant les propriétés suivantes : φ_k est indéfiniment dérivable, non négative, de support donné $I = [-\alpha\pi, \alpha\pi]$ $(0 < \alpha < 1)$, avec

$$\varphi_k(0) = 1 \quad , \quad |\varphi_k(x)| \leq 1 \quad , \quad |\varphi_k^{(2n)}(x)| \leq \omega^n \frac{\gamma_n}{c_n} n_k^{2n} \qquad (n \geq 1) \quad ;$$

et, en posant

$$\varphi_k(x) = \Sigma d_n \cos n x \quad ,$$

on a

$$d_{n_k} > a > 0 ,$$

a étant une constante ne dépendant que de α .

En posant maintenant

(8) $$\Lambda_k (z) = \prod_{j \neq k} (1 - \frac{z^2}{n_j^2}) = \Sigma (-1)^n c_n^{(k)} z^{2n} ,$$

et en introduisant l'opérateur

$$\Lambda^* (\varphi_k) = \Sigma (-1)^n c_n^{(k)} \varphi_k^{(2n)} (x) ,$$

on voit, d'une part, que

$$|\Lambda^* (\varphi_k)| \leq \Sigma \gamma_n (\frac{\alpha n_k}{\alpha})^{2n} ,$$

et, d'autre part, que

$$F_k (x) = \Lambda^* (\varphi_k) = \sum_n (-1)^n c_n^{(k)} \sum_m d_m m^{2n} \cos mx = \Sigma \Lambda_k (m) d_m \cos mx ;$$

la forme de (8) nous permet d'ailleurs d'affirmer que $\Lambda_k (n_j) = 0$ pour $j \neq k$. La fonction F_k peut être choisie ℓ fois dérivable, et la formule de W.H. Young permet alors d'écrire

(9) $$\int_I f (x) F_k^{(\ell)} (x) dx = n_k^{\ell} d_{n_k} \Lambda_{n_k} (n_k) a_k .$$

Lorsqu'il s'agit des séries adhérentes, ou simplement des séries de Dirichlet (7), on considère un canal

$$B_R = \bigcup_{\sigma > \sigma_0} \overline{C (\sigma , \pi R)}$$

avec $R > D'$, où la série $f (s)$ peut être prolongée analytiquement (c'est ce canal qui remplace l'intervalle $[- \pi , \pi]$ intervenant dans l'étude qui précède).

On considère encore le produit (8), les λ_j remplaçant les n_j (λ_k remplaçant n_k) et on écrit, cette fois-ci :

$$f_k (s) = \Sigma (-1)^n c_n^{(k)} f^{(2n)} (s) .$$

On constate que lorsque $0 < r < R - D'$, $\sigma' > \pi R + \sigma_a$ est l'abscisse de convergence absolue de (7)), on a

$$f_k (s) = a_k \Lambda_k (\lambda_k) e^{-\lambda_k s} .$$

Cette égalité étant valable dans B_r , on a en particulier :

$$f_k (\sigma_o) = a_k \Lambda_k (\lambda_k) e^{-\lambda_k \sigma_o} .$$

On arrive ainsi à l'égalité

$$\Lambda_k (\lambda_k) a_k e^{-\lambda_k \sigma_o} = \sum_n \frac{1}{2\pi i} \int_{|z-\sigma_o|=\pi R} \Sigma (-1)^n c_n^{(k)} \frac{\partial^{2n}}{\partial \sigma_o^{2n}} (\frac{1}{z-\sigma_o}) f (z) dz$$

$$= \int_{|z-\sigma_o|=\pi R} f (z) F_k (z) dz ,$$

où $F_k (z)$ est, cette fois-ci, définie par

$$F_k (z) = \Sigma (- 1)^n c_n^{(k)} \frac{\partial^{2n}}{\partial \sigma_o^{2n}} (\frac{1}{z-\sigma_o}) ,$$

et c'est la fonction $\frac{1}{z-\sigma_o}$ qui joue maintenant le même rôle que la fonction indéfiniment dérivable jouait sur $I = [- \alpha \pi , \alpha \pi]$ dans le cas réel.

L'analogie entre les deux méthodes, celle employée dans le cas réel ("prolongement" des propriétés) et celle employée dans le cas complexe (séries adhérentes) nous paraît très visible.

REFERENCES

[1] S. MANDELBROJT, Séries adhérentes. Régularisation des suites. Applications. Gauthier-Villars, Paris, 1952.

[2] S. MANDELBROJT, Prolongements des propriétés des fonctions d'une variable réelle. C.R. Acad. Sc. Paris, t. 272, p. 1041-1044, 1971.

[3] S. MANDELBROJT, Relations entre la convexité dans le complexe et le prolongement des propriétés dans le réel. Annales de l'Institut Fourier, t. 22, 4, 1972.

[4] S. MANDELBROJT, Un exemple dans la théorie du prolongement analytique d'une série de Dirichlet. Acta Mathematica Scientiarum Hungaricae, t. 21 (1-2), 1970.

SUR DES CLASSES DE FONCTIONS ANALYTIQUES DANS LE DISQUE ET INDEFINIMENT DERIVABLES A LA FRONTIERE

Anne-Marie CHOLLET

On note D le disque unité ouvert du plan complexe, $\overline{D}$ le disque fermé et T le groupe des réels modulo 2π.

Soit $(N_n)_{n \geq 0}$ une suite de réels positifs ; on désigne par $\{N_n\}^+$ la classe des fonctions f, analytiques dans D, continues ainsi que toutes leurs dérivées dans $\overline{D}$ qui vérifient la propriété suivante : il existe des constantes A_f et M_f telles que pour tout z dans $\overline{D}$ et tout entier n positif ou nul $|f^{(n)}(z)| \leq M_f A_f^n N_n$.

On s'intéresse à deux problèmes concernant le comportement de ces fonctions à la frontière :

Si la classe $\{N_n\}^+$ est non quasi analytique, c'est-à-dire s'il existe une fonction de la classe, non identiquement nulle, qui s'annule en un point ainsi que toutes ses dérivées, existe-t-il une fonction de la classe, non identiquement nulle, qui s'annule sur un ensemble infini ainsi que toutes ses dérivées ?

Existe-t-il dans une classe $\{N_n\}^+$ non quasi analytique des fonctions f admettant un facteur singulier non constant, c'est-à-dire telle que dans la décomposition canonique $f = B\,S\,F$, S diffère d'une constante ?

On fait sur la suite (N_n) les hypothèses suivantes :

(i) $(\log N_n)_{n \geq 0}$ est convexe et $N_o = 1$;

(ii) il existe une constante K telle que, pour tout entier n positif ou nul, $\left(\frac{N_{n+1}}{N_n}\right)^{\frac{1}{n}} \leq K$.

Théorème. Si la classe $\{n!\ M_n\}^+$ est non quasi analytique, il existe un sous-ensemble E de T parfait de mesure nulle ayant les propriétés (P_1) et (P_2) suivantes :

(P_1) : il existe une fonction f, non identiquement nulle, dans la classe $\{M_{2n}\}^+$ s'annulant sur E, ainsi que toutes ses dérivées.

(P_2) : toute mesure positive dont le support est contenu dans E est la mesure associée au facteur singulier d'une fonction de $\{M_{2n}\}^+$.

La démonstration reprend des idées de [1] et utilise des techniques classiques [6]. Elle se trouve détaillée dans [3].

On obtient dans le cas $N_n = (n!)^p$ des résultats plus complets.

Proposition 1.

Les conditions suivantes sont équivalentes :

(1) il existe une fonction dans la classe $\{(n!)^p\}^+$, non identiquement nulle, nulle en un point ainsi que toutes ses dérivées ;

(2) il existe une fonction dans la classe $\{(n!)^p\}^+$ nulle sur un ensemble parfait ;

(3) il existe dans la classe $\{(n!)^p\}^+$ des fonctions f admettant une décomposition $f = B\ S\ F$ où S diffère d'une constante.

(1) implique (2) et (3).

En effet, (1) traduit la non quasi-analyticité de la classe $\{(n!)^p\}^+$, c'est-à-dire $p > 2$ [4], [5]. Supposons $p = \frac{2}{\alpha}$ par exemple avec $0 < \alpha < 1$, alors la classe $\{n!\ M_n\}^+ = \{n!^{1+1/\alpha}\}^+$ est encore non quasi analytique et le résultat suit d'après le théorème.

D'autre part, il est clair que (2) implique (1), et que (3) implique (1) car, si $f = B\,S\,F$ et si μ est la mesure singulière associée à S par la formule

$$S(z) = \exp - \frac{1}{2\pi} \int_0^{2\pi} \frac{e^{ix} + z}{e^{ix} - z}\, d\mu(e^{ix}) \quad ,$$

f et toutes ses dérivées s'annulent sur le support de μ [7].

Si E est un sous-ensemble fermé de mesure nulle de T, on note ℓ_ν, $\nu \geq 1$ les longueurs des intervalles $[a_\nu , b_\nu]$ contigus à E.

Proposition 2.

Si E est un sous-ensemble fermé de mesure nulle de T tel que $\sum_\nu \ell_\nu^{1-\alpha} < \infty$, $0 < \alpha < 1$, alors toute mesure positive de support contenu dans E est la mesure associée au facteur singulier d'une fonction de $\{(n!)^{2/\alpha}\}^+$.

La démonstration de cette proposition reprend celle du théorème en utilisant des résultats établis dans [2].

On ne sait pas si cette condition, suffisante pour que E vérifie (P_1) et (P_2) avec $N_n = (n!)^{2/\alpha}$, $0 < \alpha < 1$, est nécessaire.

Plus généralement, étant donnée une classe $\{N_n\}^+$ le problème de la caractérisation des sous-ensembles fermés de mesure nulle de T qui vérifient (P_1) et (P_2) n'est pas résolu. Un résultat a été obtenu dans cette direction par B.A. Taylor et D.L. Williams dans le cas où $N_n = n!\, e^{n^p}$, $p > 1$ [8].

Références

[1] L. CARLESON, Sets of uniqueness for functions regular in the unit circle. Acta Math., 87 (1952), 325-345.

[2] A.M. CHOLLET, Zéros dans les classes de Gevrey de type analytique. Bull. Sc. Math., 2ème série, 96 (1972), 65-82.

[3] A.M. CHOLLET, Sur des classes de fonctions analytiques dans le disque et indéfiniment dérivables à la frontière. Can. J. Math. (à paraître).

[4] J.-P. KAHANE, Sur quelques problèmes d'unicité et de prolongement relatifs aux fonctions approchables par des sommes d'exponentielles. Ann. Inst. Fourier, t. 5 (1953/54), 39-130.

[5] B.I. KORENBLJUM, Quasi-analytic classes of functions in a circle. Soviet Math., 6 (1965), 1155-1158.

[6] S. MANDELBROJT, Séries adhérentes, régularisation des suites. Applications. Gauthier-Villars, Paris, 1952.

[7] B.A. TAYLOR and D.L. WILLIAMS, Ideals in rings of analytic functions with smooth boundary values. Can. J. Math., 22 (1970), 1266-1283.

[8] B.A. TAYLOR and D.L. WILLIAMS, Boundary zero sets of A^{∞} functions satisfying growth conditions. Proc. Amer. Math. Soc. (à paraître).

SUITES ALEATOIRES D'ENTIERS

Yitzhak KATZNELSON

Soient $\mathbb{Z}$ le groupe des entiers, $\mathbb{T} = \mathbb{R} / \mathbb{Z}$ le groupe dual muni de la topologie usuelle et $\mathbb{T}_d$ le même groupe muni de la topologie discrète. Le compactifié de Bohr B de $\mathbb{Z}$ est le groupe dual de $\mathbb{T}_d$ et l'injection $\beta : \mathbb{Z} \to B$ est duale de l'injection canonique de $\mathbb{T}_d$ dans $\mathbb{T}$. Grâce à β , $\mathbb{Z}$ devient un sous groupe dense dans B.

La méthode aléatoire exposée ci-dessous permet de construire des ensembles Λ "rares" dans $\mathbb{Z}$ au sens de l'analyse harmonique mais tels que $\beta(\Lambda)$ soit dense dans B. Cependant, la question la plus intéressante : "existe-t-il une suite de Sidon dense dans B ?" reste ouverte.

Une condition nécessaire et suffisante pour qu'une suite $\Lambda \subset \mathbb{Z}$ soit dense dans B est que, pour tout entier $s \geq 1$ et tout $x \in \mathbb{T}^s$, l'ensemble Λx des λx , $\lambda \in \Lambda$, soit dense dans le groupe engendré par x dans $\mathbb{T}^s$.

Ceci dit, nous ne savons même pas s'il existe une suite de Sidon Λ pour laquelle Λx soit dense dans $\mathbb{T}$ pour tout x "irrationnel" de $\mathbb{T}$. Nous montrons au § 1 que certaines suites aléatoires sont denses dans B. Les applications à l'analyse harmonique sont données au § 2.

§ 1 - Suites aléatoires denses dans le compactifié de Bohr des entiers

Nous considérons une classe de suites aléatoires construites de la manière suivante : soit n_k , $k \geq 1$, une suite rapidement croissante d'entiers, l'on suppose $n_{k+1} > n_k^2$, et choisissons au hasard ℓ_k nombres entiers dans l'intervalle $]n_{k-1} , n_k]$. Notons l'ensemble ainsi obtenu par Λ_k et posons $\Lambda = \bigcup_{k \geq 1} \Lambda_k$. Il n'est pas très difficile de voir ([1]) que Λ est presque sûrement de Sidon si et seulement si $\ell_k = 0 (\log n_k)$.

Théorème. Supposons qu'il existe $c > 0$ tel que l'inégalité $\ell_k > c \log n_k$ soit satisfaite pour une infinité de valeurs de k. Soit $\eta > 0$ tel que $e\,\eta^c < 1$. Alors il est presque sûr que, pour tout $s \geq 1$ et tout $x \in \mathbf{T}^s$,

$$\mu_x\,(\overline{\Lambda\,x}) > \eta^s \quad ,$$

μ_x étant la mesure de Haar du sous groupe fermé engendré par x dans $\mathbf{T}^s$.

Corollaire. Si ℓ_k n'est pas $O(\log n_k)$, $k \to +\infty$, presque toutes les suites Λ sont denses dans le compactifié de Bohr de $\mathbf{Z}$.

En effet, les hypothèses du théorème étant valables pour tout $c > 0$, la conclusion l'est pour tout $\eta < 1$. Donc pour tout $x \in \mathbf{T}^s$, $\Lambda\,x$ est dense dans le groupe engendré par x.

Passons à la preuve du théorème. Il suffit de démontrer que, pour tout entier $s \geq 1$, presque toutes les suites Λ sont telles que, pour tout $x \in \mathbf{T}^s$,

$$\mu_x\,(\overline{x\,\Lambda}) \;\geq\; \eta^s \;.$$

D'autre part, quitte à changer d'indices, on peut supposer que

$$\ell_k \geq c \log n_k \qquad \text{pour tout } k \geq 1.$$

Soit maintenant $(\Omega_k)_1^\infty$ une suite dénombrable d'ouverts de $\mathbf{T}^s$ ayant les deux propriétés suivantes : tout ouvert $U \subset T^s$ est réunion croissante d'ouverts de la suite et tout ouvert apparaissant dans la suite $(\Omega_k)_1^\infty$ y apparaît une infinité de fois.

Soient $E \subset \mathbf{T}^s$ une partie compacte et $x \in \mathbf{T}^s$. Montrer que $\mu_x\,(E) \geq \eta^s$ revient à montrer que, pour tout $k \geq 1$, $\mu_x\,(\Omega_k) > 1 - \eta^s$ implique que $\Omega_k \cap E$ n'est pas vide.

L'idée de la preuve est de remplacer l'ensemble non dénombrable des points de tests $x \in T^s$ par un ensemble fini G_k (adapté à la partie Λ_k de Λ).

Notons d'abord par F_k l'ensemble des $(k\, n_k)^s$ points de $\mathbb{T}^s$ de la forme

$$a = (j_1/k\, n_k \;,\; \ldots \;,\; j_s/k\, n_k)$$

tels que

$$0 \leq j_1 < k\, n_k \;,\; \ldots \;,\; 0 \leq j_s < k\, n_k$$

et notons par G_k le sous ensemble de F_k formé des a tels que

$$\text{Card}\,\{n \;;\; n_{k-1} < n \leq n_k \;\text{ et }\; n\,a \in \Omega_k\} > (1 - \eta^s)\, n_k \;.$$

Ces définitions de F_k et de G_k ne dépendent pas de Λ . Pour tout $a \in G_k$, la probabilité de choisir l'ensemble Λ_k de sorte que $\Lambda_k\, a \cap \Omega_k = \emptyset$ est majorée par $\eta^{s\ell_k}$; le nombre d'éléments de G_k ne dépassant pas $(k\, n_k)^s$, la probabilité pour que, pour tout $a \in G_k$, $\Lambda_k\, a \cap \Omega_k$ ne soit pas vide, dépasse

$$1 - (k\, n_k)^s\, \eta^{s\ell_k} > 1 - k^s\, (e\, \eta^c)^{s \log n_k} \;.$$

Puisque $e\, \eta^c < 1$, la croissance rapide de la suite des n_k entraîne la convergence de la série

$$\sum_{k \geq 1} k^s\, (e\, \eta^c)^{s \log n_k} \;.$$

Du théorème de Borel-Cantelli, nous déduisons le lemme suivant.

Lemme. Pour presque toutes les suites Λ il existe un k_o tel que pour tout $k > k_o$ et tout $a \in G_k$, $\Lambda_k\, a$ rencontre Ω_k.

Montrons maintenant que cette dernière propriété entraîne $\mu_x\,(\overline{\Lambda\, x}) \geq \eta^s$. Soit $x \in \mathbb{T}^s$, Ω un ouvert de la suite des $(\Omega_j)_1^\infty$ tel que $\mu_x\,(\Omega) > 1 - \eta^s$. Appelons Ω' et Ω'' deux autres ouverts de la suite des $(\Omega_j)_1^\infty$ tels que $\overline{\Omega'} \subset \Omega$, $\overline{\Omega''} \subset \Omega'$ et que, cependant, $\mu_x\,(\Omega'') > 1 - \eta^s$. La distance d'un nombre réel x_1 à l'entier le plus proche est notée $\|x_1\|$ et pour tout $x = (x_1, \ldots, x_s) \in \mathbb{T}^s$, on pose

$$\|x\| = \|x_1\| + \ldots + \|x_s\|.$$

Soit $\varepsilon > 0$ assez petit pour que tout point $y \in \mathbf{T}^s$ dont la distance à Ω' ne dépasse pas ε appartienne à Ω. De même, pour Ω'' et Ω'.

Pour $N \geq N_o$, on a

$$\text{Card}\,\{n \;;\; 1 \leq n \leq N \text{ et } n\,x \in \Omega''\} > (1 - \eta^s)\,N\,.$$

Pour tout entier k tel que $\Omega_k = \Omega'$, que $n_k > N_o$ et assez grand pour que $k > \frac{s}{\varepsilon}$, appelons a_k un élément de F_k tel que

$$\|a_k - x\| < \frac{s}{k\,n_k}\,.$$

On a $\|n\,a_k - n\,x\| < \varepsilon$ pour $1 \leq n \leq n_k$ et donc $n\,x \in \Omega''$ implique $n\,a_k \in \Omega' = \Omega_k$. Par conséquent $a_k \in G_k$ et grâce au lemme $\Lambda_k\,a_k \cap \Omega'$ n'est pas vide. Le même raisonnement fournit $\Lambda_k\,x \cap \Omega \neq \emptyset$ ce qu'il fallait démontrer.

§ 2 - Applications à l'analyse harmonique

Etant donnée une fonction $\varphi\,(q)$ qui tend vers l'infini avec q (arbitrairement lentement), on peut construire un ensemble Λ d'entiers naturels, dense dans le compactifié de Bohr de $\mathbf{Z}$, mais tel que, pour tout somme trigonométrique f dont les fréquences appartiennent à Λ , on ait :

$$\|f\|_q \leq \varphi\,(q)\,\sqrt{q}\,\|f\|_2\,.$$

Il suffit que, dans la construction aléatoire d'une suite d'entiers du § 1 , l'on prenne

$$\ell_k = \psi\,(k)\,\log n_k$$

et que $\psi\,(k)$ croisse assez lentement vers $+\infty$ (en fonction de φ).

Références

[1] Katznelson - Malliavin - Vérification statistique... C.R. Acad. Sci. Paris, t. 262 pp. 490-492 (1966)

[2] Rudin, Trigonometric series with gaps, Jour. of Math. and Mechanics, Vol. 9, pp. 203 - 238 (1960)

CONVERGENCE OF DIRICHLET SERIES

Henry HELSON

1. The aim of this note is to show that a number of classical theorems asserting the convergence of Dirichlet series can be obtained simply and uniformly by means of the Fourier transform. It is true that the ordinary proofs of these results contain expressions very like the transforms that will be used here ; but these expressions are then estimated by Cauchy's theorem, whereas the Plancherel theorem will provide similar information with less use of complex functions theory. Sometimes, however, the finest results are obtained by a genuine contour integration that cannot be expressed as a Fourier integral, and it cannot yet be claimed that these results belong to harmonic analysis.

First we shall prove that

$$\sum_{1}^{\infty} \mu(n)/n = 0 \quad , \tag{1}$$

where μ is the Möbius function. This is a result in the theory of the zeta-function roughly at the depth of the prime number theorem. We also get the standard refinements of the convergence theorem, but not those depending on the growth of zeta inside the critical strip.

Then we prove a typical theorem of Landau-Schnee type. Very genral statements are not of much interest in this subject, because in applications (for example to number theory) the statement of convergence is likely to depend on special properties of the series considered. The Fourier method ought to be easy to apply in special situations.

The general theory of Dirichlet series is expounded in [1,6]. Particular properties of zeta will be cited as needed.

2. Suppose the Dirichlet series

$$\sum_{1}^{\infty} a_n e^{-\lambda_n s} \qquad (s = \sigma + i t) \tag{2}$$

converges for $\sigma > \sigma_c$, say to $f(s)$. Define

$$F(x) = \sum_{\lambda_n \leq x} a_n . \tag{3}$$

It is known and easy to prove [1,3] that $e^{-x\sigma} F(x)$ is summable for σ positive and greater than σ_c, and

$$\int_{\lambda_1}^{\infty} e^{-xs} F(x)\, dx = f(s)/s . \tag{4}$$

This formula expresses $f(s)/s$ (a function of t for fixed σ) as a Fourier transform. If the right side is square-summable for a $\sigma > \max(0, \sigma_c)$ we have by the Plancherel theorem

$$\int_{\lambda_1}^{\infty} e^{-2x\sigma} |F(x)|^2\, dx = \frac{1}{2\pi} \int_{-\infty}^{\infty} \left| \frac{f(\sigma + i t)}{\sigma + i t} \right|^2 dt . \tag{5}$$

For the functions under consideration it will be known that the right side is bounded as σ decreases to 0, and hence

$$\int_{\lambda_1}^{\infty} |F(x)|^2\, dx < \infty . \tag{6}$$

We cannot conclude from (6) alone that $F(x)$ tends to 0. The result is true, however, if the coefficients of (2) are small and the exponents well spaced ; this remark appears to have been overlooked in the classical literature. We shall show first that (6) implies (1), and then prove some refinements that illustrate how the hypotheses can be varied.

Set

$$f(s) = \zeta(s+1)^{-1} = \sum_{1}^{\infty} \mu(n)/n^{s+1} . \tag{7}$$

The series converges absolutely for $\sigma > 0$ because μ is bounded (its values are 1, 0, -1). Therefore (5) is finite for all positive σ ; the boundedness of the right side is not trivial, however, for it contains the fact that $\zeta(1 + i t)$ never vanishes. First an elementary estimate of the Dirichlet series for zeta gives $\zeta(s) = O(\log t)$ uniformly in $\sigma > 1$, $|t| \geq 1$; then the argument of de la Vallée Poussin shows that $\zeta(s)^{-1} = O(\log^7 t)$ uniformly [5, pp. 42-44]. Since $f(s)/s$ is analytic at the origin, (5) is bounded as required for $\sigma > 0$.

Thus (6) holds, and we want to show that $F(x)$ tends to 0 as x tends to ∞. If t is positive and x the logarithm of an integer we have

$$(8) \qquad |F(x + t) - F(x)| = \Big|\sum_{e^x+1}^{[e^{x+t}]} \mu(n)/n\Big| \leq t .$$

If $|F(x)| \geq \gamma > 0$, then (8) implies that $|F(x + u)| \geq \gamma/2$ for $0 \leq u \leq \gamma/2$. Hence the interval contributes at least $(\gamma/2)^3$ to the value of (6). Consequently there can be only finitely many integers n such that $|F(\log n)| \geq \gamma/2$. Since γ was an arbitrary positive number, $F(x)$ must tend to 0. This completes the proof of (1).

3. Each derivative of $\zeta(s)$ is dominated by a power of $\log t$ uniformly in $\sigma > 1$, $|t| \geq 1$, by the elementary estimate already referred to [5, p. 43]. Hence the derivatives of $\zeta(s)^{-1}$ are also dominated by powers of $\log t$. The Fourier relation (4) can be differentiated, leading to a stronger version of (6) :

$$(9) \qquad \int_{\lambda_1}^{\infty} (x^k F(x))^2 \, dx < \infty \qquad (k = 1, 2, \ldots).$$

The interval beginning at $x = \log n$ and extending a distance $\frac{1}{2}|F(\log n)|$ to the right contributes at least

(10) $$(\log n)^{2k} \left|\tfrac{1}{2} F (\log n)\right|^3$$

to (9) ; hence this quantity tends to 0 as n tends to infinity. This holds for each k , so we obtain this refinement of (1) :

(11) $$\sum_1^N \mu (n)/n = O (\log^{-k} N) \qquad (k = 1, 2, \ldots).$$

Easy computations show in the same way that the differentiaded series

(12) $$(\zeta (s)^{-1})^{(r)} = (-1)^r \sum_1^\infty \mu (n) (\log^r n) n^{-s}$$

all converge at $s = 1$, with the same rapidity (11). We fix the positive integer r. Let c be the value of the function on the left side of (12) at $s = 1$; we set

(13) $$F (x) = - c + (-1)^r \sum_1^{[e^x]} \mu (n) (\log^r n) n^{-1} .$$

Now (4) holds with

(14) $$f (s) = (\zeta (s + 1)^{-1})^{(r)} - c ,$$

so that $f (s)/s$ is still analytic at 0. Evidently (6) holds, but to get a more precise result we differentiate (4) and pass instead to (9). In place of (8) we have

(15) $$|F (x + t) - F (x)| \leq x^r t ,$$

provided x is the logarithm of an integer and large enough so that $\log^r x/x$ is decreasing. For such an x set $\gamma = |F (x)|$, $p = \frac{1}{2} |F (x)| x^{-r}$. Then (15) implies $|F (x + u)| \geq \gamma/2$ for $0 \leq u \leq p$, so that

(16) $$\int_x^{x+p} (u^k F (u))^2 du \geq p x^{2k} \gamma^2/4 = x^{2k-r} \gamma^3/8.$$

This quantity tends to 0 as $x = \log n$ to ∞. Since k is arbitrary (and r fixed), $\gamma = |F(\log n)| = O(\log^{-k} n)$ for each k, or

(17) $$(-1)^r \sum_{1}^{N} \mu(n)(\log^r n)/n = c + O(\log^{-k} N) \qquad (k = 1, 2, \ldots).$$

The same ideas show that

(18) $$N^{-1} \sum_{1}^{N} \mu(n) = O(\log^{-k} N) \qquad (k = 1, 2, \ldots).$$

This time we set

(19) $$F(x) = \sum_{1}^{[e^x]} \mu(n),$$

which gives (4) with $f(s) = \zeta(s)^{-1}$, valid for $\sigma > 1$. The derivatives of the right side belong to L^2 uniformly in $\sigma > 1$, so we have by the Parseval relation

(20) $$\int_{\lambda_1}^{\infty} (x^k e^{-x} F(x))^2 \, dx < \infty \qquad (k = 1, 2, \ldots).$$

An easy computation gives (18).

These convergence theorems and the relations among them are the subject of the first part of [4].

4. The theorems named after Landau and Schnee assert that (2) converges as far to the left as $f(s)$ satisfies some growth condition. Both hypothesis and conclusion bear on an open half-plane ; these theorems are less precise than the theorems of the last section, which give convergence on a line at the extremity of such a half-plane. A hypothesis on the exponents of (2) is necessary for the truth of the results, but it can be weak enough to include ordinary Dirichlet series as very special cases. On the other hand great generality is a spurious goal in this

domain, since for a particular problem the hypotheses of a general theorem are not likely to be satisfied. (This point is illustrated in [2].) It seems to be more useful to emphasize relations like (6), from which various conclusions can be drawn depending on what we know about the coefficients and exponents of the series at hand.

We study the series (2) with sum $f(s)$ in some half-plane, and $F(x)$ defined by (3).

Lemma. Suppose that $f(s)/s$ belongs uniformly to L^p $(1 < p \leq 2)$ on vertical lines for $\sigma > \sigma_o \geq 0$. Then for the same σ its inverse Fourier transform is $e^{-x\sigma} F(x)$.

This fact was obvious in the last section, where p was 2 and σ_o bounded the half-plane of absolute convergence. The conclusion of the lemma means that $e^{-x\sigma} F(x)$ is the limit in L^q (where q is the exponent conjugate to p) as T tends to ∞ of

$$\frac{1}{2\pi} \int_{-T}^{T} \frac{f(\sigma + it)}{\sigma + it} e^{itx} \, dt . \tag{21}$$

This is easy to establish for $\sigma > \sigma_c$; we want to extend the relation to the larger half-plane $\sigma > \sigma_o$.

The hypothesis implies that $f(s)/s$ is analytically continued to the right by convolution with the Poisson kernel. It follows that this function is bounded in each half-plane $\sigma > \sigma_o + \varepsilon > \sigma_o$. Since it is uniformly in L^p, it is also uniformly in L^2 on vertical lines of such a half-plane. Let h be any function in L^2 with compact support, and $\hat{h}$ its inverse Fourier transform. For $\sigma > \sigma_c$ we have easily

$$\int_{\lambda_1}^{\infty} e^{-x\sigma} F(x) h(x) \, dx = \int_{-\infty}^{\infty} \frac{f(\sigma + it)}{\sigma + it} \hat{h}(t) \, dt . \tag{22}$$

If we replace σ by a complex variable w, the left side is analytic everywhere. Choose functions $\hat{h}_n$ in L^2 with compact support converging to $\hat{h}$ in L^2. The right side of (22) is analytic for $\mathrm{Re}\, w > \sigma_0 + \epsilon$ if we substitute $\hat{h}_n$ for $\hat{h}$; as n tends to ∞ the integral converges uniformly in this region by the Schwarz inequality. Hence the right side is analytic too for $\mathrm{Re}\, w > \sigma_0$. The unicity of analytic continuation establishes (22) for $\sigma > \sigma_0$.

Since the functions h form a dense subset of L^2, $e^{-x\sigma} F(x)$ must belong to L^2 and be the inverse Fourier transform in the sense of L^2 of $f(s)/s$ for each $\sigma > \sigma_0$. The same conclusion for the dual exponents p, q follows easily. We have indeed by the Young-Hausdorff theorem

(23) $$\int_{\lambda_1}^{\infty} |e^{-x\sigma} F(x)|^q \, dx < \infty \qquad (\sigma > \sigma_0).$$

This inequality generalizes (6), and will imply the convergence of (2) provided the exponents satisfy the <u>condition of Bohr</u> :

(24) $$(\lambda_{n+1} - \lambda_n)^{-1} = O(e^{\lambda_n \alpha})$$

for some positive α. Denote by γ the lower bound of such α. We shall also assume without loss of generality that $\lambda_{n+1} - \lambda_n$ tends to 0.

From (23) we have

(25) $$\Sigma \, |e^{-\lambda_{n+1}\sigma} F(\lambda_n)|^q (\lambda_{n+1} - \lambda_n) < \infty \qquad (\sigma > \sigma_0) \quad ,$$

and by (24)

(26) $$\Sigma \, e^{-\lambda_{n+1}\sigma q - \lambda_n \alpha} |F(\lambda_n)|^q < \infty \qquad (\sigma > \sigma_0 \, , \, \alpha > \gamma).$$

This implies

(27) $$F(\lambda_n) = O(e^{\lambda_{n+1}(\sigma + \alpha/q)}) \qquad (\sigma > \sigma_0 \, , \, \alpha > \gamma).$$

Our hypothesis that $\lambda_{n+1} - \lambda_n$ tends to 0 enables us to write instead

(28) $$F(x) = O\left(e^{x(\sigma + \gamma/q)}\right) \qquad (\sigma > \sigma_0).$$

Hence (2) converges for $\sigma > \sigma_0 + \gamma/q$.

Suppose for example that $f(s) = O(t^{\epsilon})$ for every positive ϵ, uniformly in half-planes interior to $\sigma > \sigma_0$. Then the hypothesis of the lemma is satisfied for every $p > 1$, so (28) holds for every finite q, and (2) converges for $\sigma > \sigma_0$.

If merely $f(s) = O(t^{\delta})$, $0 < \delta < 1$, uniformly in such half-planes, we get (28) for $q < 1/\delta$, and the series converges for $\sigma > \sigma_0 + \gamma\,\delta$.

These are the simplest theorems of Landau-Schnee type, and evidently more complicated ones can be derived similarly. Moreover knowledge about the coefficients of (2) leads to better convergence theorems based on the same relation (23). This view of (23) as the common source of several families of convergence theorems is the contribution we hope to have made here.

REFERENCES

1. H. BOHR and H. CRAMÉR, Die neuere Entwicklung der analytischen Zahlentheorie, Enzyk. der math. Wiss. II 3, 722-849 (1923) ; collected works of H. Bohr, Vol. 3.

2. E. HECKE, Uber analytische Funktionen und die Verteilung von Zahlen mod. Eins, Abh. Math. Sem. Hamburg, 1 (1921), 54-76.

3. H. HELSON, Convergent Dirichlet series, Ark. För Mat., 4 (1962), 501-510.

4. E. LANDAU, Handbuch der Lehre von der Verteilung der Primzahlen, 2. Band, Chelsea reprint 1953.

5. E.C. TITCHMARSH, The Theory of the Riemann Zeta-Function, Oxford, 1951.

6. G. VALIRON, Théorie Générale des Séries de Dirichlet, Paris, 1926.

SUR UN PROBLEME DE M. MANDELBROJT

Yves MEYER

1. Soit $\Lambda \subset \mathbb{Z}$ un ensemble d'entiers et S_Λ l'espace vectoriel de toutes les sommes trigonométriques finies $P(x) = \sum_{\lambda \in \Lambda} a_\lambda \exp 2\pi i \lambda x$; la fermeture L^1_Λ de S_Λ dans $L^1([0,1])$ est l'espace de Banach des fonctions $f \in L^1([0,1])$ dont le spectre est contenu dans Λ.

Soit $I \subset [0,1]$ un intervalle compact et $\mathcal{P}$ une propriété de régularité. Nous cherchons à savoir si tout $f \in L^1_\Lambda$ dont la restriction à I a la propriété $\mathcal{P}$ jouit sur tout $[0,1]$ de cette propriété.

Quatre cas ont été examinés.

(1.1.) Dans quels cas tout élément f de L^1_Λ nul sur I est identiquement nul ?

(1.2.) Dans quel cas tout élément f de L^1_Λ dont la restriction à I appartient à $L^2(I)$ est en fait dans $L^2([0,1])$?

(1.3.) Dans quel cas tout élément f de L^1_Λ dont la restriction à I est indéfiniment dérivable est en fait dans $C^\infty([0,1])$?

(1.4.) Dans quel cas tout élément f de L^1_Λ dont la restriction à I est continue est, en fait, une fonction continue périodique de période 1 ?

2. Le problème (1.1.) a été complètement résolu par Beurling et Malliavin ([1]). Le problème (1.2.) a été complètement résolu par J.P. Kahane ([2]). Posons $\Delta^+(\Lambda) = \lim_{T \to +\infty} T^{-1} \sup_{x \in \mathbb{R}} \text{Card}\,(\Lambda \cap [x, x+T])$. Le infimum des longueurs $|I|$ des intervalles 0 possédant la propriété (1.2.) est $\Delta^+(\Lambda)$.

Le problème (1.3.) n'a pas encore, à ma connaissance, trouvé de solution satisfaisante. Soit, par exemple, Λ la réunion des intervalles $[n^3 - n\ ,\ n^3 + n]$ où $n \geq 2$. Alors la propriété (1.3.) ne peut être satisfaite que si $I = [0,1]$. Au contraire il existe une suite d'entiers q_n telle que $q_{n+1} \geq 2\ q_n$ et que tout intervalle I non nul ait la propriété (1.3.) lorsque Λ est la réunion des intervalles $[q_n - n\ ,\ q_n + n]$.

Dans les deux cas, la densité au sens de Beurling et Malliavin est nulle tandis que $\Delta^+ (\Lambda) = 1$. La notion de densité qui apparaît en (1.3.) diffère donc des précédentes.

3. <u>La densité harmonique d'un ensemble d'entiers</u>. Soit $\Lambda \subset \mathbb{Z}$ un ensemble d'entiers rationnels et $I \subset [0,1]$ un intervalle compact. Les trois propriétés suivantes sont équivalentes.

(3.1.) Tout $f \in L^1_\Lambda$ continue sur I est continue sur $[0,1]$ (et périodique de période 1).

(3.2.) Il y a une constante $C > 0$ telle que $\sup\limits_{\mathbb{R}} |P(x)| \leq C \sup\limits_{I} |P(x)|$ pour tout $P \in S_\Lambda$.

(3.3.) Il existe une constante $C > 0$ telle que, pour tout $x_0 \in \mathbb{R}/\mathbb{Z}$ on puisse trouver une mesure de Radon μ portée par $I + x_0$, de norme ne dépassant pas C et telle que $\int \exp 2\pi i \lambda x\, d\mu(x) = 1$ pour tout $\lambda \in \Lambda$.

<u>Définition</u>. <u>La densité harmonique de</u> Λ, <u>notée</u> $d_h(\Lambda)$ <u>est le inf. des longueurs des intervalles</u> I <u>pour lesquels l'une des propriétés équivalentes</u> (3.1.), (3.2.) <u>ou</u> (3.3.) <u>est satisfaite</u>.

4. <u>Inégalités portant sur la densité harmonique</u>. Soit $\mathbb{T}_d$ le groupe $\mathbb{R}/\mathbb{Z}$ muni

de la topologie discrète ; $\mathbb{T}_d$ est la somme directe de $\mathbb{Q}/\mathbb{Z}$ et d'un groupe Γ. Le groupe dual de $\mathbb{T}_d$ est le compactifié de Bohr $\widetilde{\mathbb{Z}}$ de $\mathbb{Z}$. C'est le produit direct $G \times \Omega$ où $G = \prod_{p \in P} \mathbb{Z}_p$, Ω est un groupe compact et P est l'ensemble des nombres premiers $p \geq 2$.

Soit $I : \mathbb{T}_d \to \mathbb{T} = \mathbb{R}/\mathbb{Z}$ l'injection canonique et $H : \mathbb{Z} \to \widetilde{\mathbb{Z}}$ l'homomorphisme dual. <u>La densité presque périodique, notée</u> $d_p(\Lambda)$, <u>d'une partie</u> Λ <u>de</u> $\mathbb{Z}$ <u>est, par définition, la mesure de la fermeture de</u> $H(\Lambda)$ <u>pour la mesure de Haar de</u> $\widetilde{\mathbb{Z}}$ (normalisée par la condition que la mesure de tout $\widetilde{\mathbb{Z}}$ est 1).

On a alors

(4.1.) $$\Delta^+(\Lambda) \leq d_h(\Lambda) \leq d_p(\Lambda)$$

([3]).

Il est intéressant de savoir si, en fait, on n'a pas toujours $\Delta^+(\Lambda) = d_h(\Lambda)$ ou $d_h(\Lambda) = d_p(\Lambda)$. Aux § 5 et § 6 nous donnerons des contre-exemples.

5. <u>Un calcul de la densité harmonique</u>. Soit $\Lambda \in \mathbb{Z}$ un ensemble d'entiers naturels. <u>Supposons que, pour tout</u> $\lambda \in \Lambda$ <u>et tout entier</u> $m \geq 1$ <u>on puisse trouver une suite</u> $(\lambda_k)_{k \geq 1}$ <u>d'éléments de</u> Λ <u>ayant les deux propriétés suivantes</u>

(5.1.) $\lambda_k \equiv \lambda \pmod{m}$.

(5.2.) $(\alpha \lambda_k)_{k \geq 1}$ <u>est équirépartie</u> mod 1 <u>pour tout</u> α <u>irrationnel</u>.

<u>Alors la densité harmonique de</u> Λ <u>est égale à sa densité presque-périodique</u>.

Si, par exemple, Λ est l'ensemble des sommes $b^4 + ab$, $0 \leq a \leq b$ on a $\Delta^+(\Lambda) = 0$ tandis que $d_h(\Lambda) = d_p(\Lambda) = 1$.

La preuve du résultat ci-dessus nécessite deux lemmes. Dorénavant, nous supposerons que Λ possède la propriété de régularité décrite par (5.1.) et (5.2.).

Lemme 1. Soit $I \subset \mathbb{R}/\mathbb{Z}$ un intervalle compact de nombres réels. Soit

$$C = \sup \left\{ \frac{|P(0)|}{\sup_I |P(x)|} \; ; \; P \in S_\Lambda \right\} \; ; \text{ supposons que } C < +\infty .$$

Soit $\mathbb{Q}$ le corps des rationnels. On peut alors trouver une mesure atomique ρ portée par $I \cap Q$, de norme ne dépassant pas C et telle que $\int_I \exp 2\pi i \lambda x \, d\rho(x) = 1$ pour tout $\lambda \in \Lambda$.

En effet, le théorème de Banach-Steinhaus montre qu'il existe une mesure μ de norme C, portée par I et telle que $P(0) = \int_I P(x)\, d\mu(x)$ pour tout $P \in S_\Lambda$. Nous allons voir qu'en fait μ est portée par $\mathbb{Q}$. Pour cela nous écrivons $\mu = \rho + \tau$ où ρ est une mesure atomique portée par $\mathbb{Q}$ et où τ est étrangère à $\mathbb{Q}$. Il s'agit de voir que $\tau = 0$.

Par définition de la constante C, on peut trouver pour tout $\epsilon > 0$, un $Q \in S_\Lambda$ tel que $\sup_I |Q(x)| \leq 1$ tandis que $|Q(0)| \geq C - \epsilon = \|\mu\| - \epsilon$.

Ecrivons $Q(x) = \sum_{j \in A} b_j \exp 2\pi i j x$ où A est une partie finie de Λ ; soit $b = \sum_{j \in A} |b_j|$. Appelons F une partie finie de $\mathbb{Q}$ telle que $\int_{\mathbb{Q} \setminus F} d|\rho| \leq \epsilon/b$ et soit $m \geq 1$ un entier tel que $m F \subset \mathbb{Z}$.

Ces préparatifs achevés, nous sommes en mesure de montrer que $\tau = 0$. Pour tout $j \in A$, formons une suite $(\lambda_k^j)_{k \geq 1}$ d'éléments de Λ telle que

(5.3.) $$\lambda_k^j \equiv j \pmod m$$

et

(5.4.) $(\alpha \lambda_k^j)_{k \geq 1}$ est équirépartie module 1 pour tout α irrationnel.

Posons $Q_n(x) = \sum_{j \in A} \sum_{k=1}^{n} n^{-1} b_j \exp 2\pi i \lambda_k^j x$. Pour tout $x \in F$, les congruences (5.3) entraînent que $Q_n(x) = Q(x)$; on a donc $\sup_F |Q_n(x)| \leq 1$. Partout ailleurs $|Q_n(x)| \leq b$. On a $Q_n(0) = Q(0)$ et si α est irrationnel, $Q_n(x) \to 0$ $(n \to +\infty)$.

Puisque $Q_n \in S_\Lambda$, on a

$$A_n(0) = Q(0) = \int_I Q_n(x)\, d\mu(x) =$$

$$= \int_F Q_n(x)\, d\rho(x) + \int_{\mathbb{Q}\setminus F} Q_n(x)\, d\rho(x) + \int_I Q_n(x)\, d\tau(x) =$$

$$= I_n + J_n + K_n .$$

On a $|I_n| \leq \|\rho\|$, $|J_n| \leq \epsilon$ tandis que $\lim K_n = 0$ grâce au théorème de convergence dominée de Lebesgue.

A la limite $C - \epsilon \leq |Q(0)| \leq \|\rho\| + \epsilon$. En faisant tendre ϵ vers 0, on obtient $\|\mu\| = C \leq \|\rho\|$ et $\|\mu\| = \|\rho\| + \|\tau\|$ entraîne $\|\tau\| = 0$.

Nous allons remplacer le compactifié de Bohr par le groupe compact G dual de $\mathbb{Q}/\mathbb{Z}$. Mais pour cela quelques observations sont nécessaires. Soit $i : \mathbb{Q}/\mathbb{Z} \to \mathbb{R}/\mathbb{Z}$ l'homomorphisme canonique et $h : \mathbb{Z} \to G$ l'homomorphisme dual. Le groupe compact G est le produit $\prod_{p \in P} \mathbb{Z}_p$ et le compactifié de Bohr de $\mathbb{Z}$ est isomorphe au produit $G \times \Omega$ où Ω est un groupe compact.

Les hypothèses faites sur Λ entraînent que la fermeture U de $H(\Lambda)$ dans le compactifié du Bohr de $\mathbb{Z}$ est de la forme $K \times \Omega$ où K est la fermeture de $h(\Lambda)$ dans G.

Ainsi la mesure de U est égale à celle de K.

Soit g_o un point arbitraire du groupe compact G, posons $K' = K + g_o$ et soit Λ' l'ensemble des $j \in \mathbb{Z}$ tels que $h(j) \in K'$.

<u>Lemme 2</u>. <u>On a</u> $d_h(\Lambda') \leq d_h(\Lambda)$.

Pour montrer le lemme 2, il suffira de prouver l'implication $A \Rightarrow B$ où A et B sont les propriétés suivantes.

A. - L'intervalle compact I de $\mathbb{R}/\mathbb{Z}$ et la constante $C > 0$ sont tels que $|P(0)| \leq C \sup_{x \in I} |P(x)|$ pour tout $P \in S_\Lambda$.

B. - La propriété A où Λ est remplacé par Λ', le couple (I,C) restant inchangé.

Mais grâce au lemme 1, on peut trouver une mesure atomique ρ portée par $Q \cap I$, de norme au plus C et telle que $1 = \int_I \exp 2\pi i \lambda x \, d\rho(x)$. Appelons (g,x) la valeur prise par le caractère $g \in G$ sur $x \in \mathbb{Q}/\mathbb{Z}$. Si $g = h(\lambda)$, on a $(g,x) = \exp 2\pi i \lambda x$ et donc

$$(5.5.) \qquad 1 = \int_I (g,x)\, d\rho(x)$$

pour tout $g = h(\lambda)$, $\lambda \in \Lambda$. Mais le second membre de (5.5.) est une fonction continue de g et vaut donc 1 sur tout K. Posons $d\rho'(x) = \overline{(g_0,x)}\, d\rho(x)$; on a $1 = \int_I (g',x)\, d\rho'(x)$ pour tout $g' \in K'$ ce qui entraîne B puisque $\|\rho'\| = \|\rho\|$.

La preuve que nous avons en vue se termine alors sans difficulté : on a $\Delta^+(\Lambda') \leq d_h(\Lambda') \leq d_h(\Lambda) \leq \text{mes } U$. Cependant, le théorème ergodique de Birkhoff nous apprend que, pour presque tout $g_0 \in G$, les membres extrêmes sont égaux. On a donc $d_h(\Lambda) = \text{mes } U$.

On peut avoir alors le sentiment que la densité harmonique et la densité presque-périodique coïncident en général. Il n'en est rien. Soit $(t_k)_{k \geq 1}$ une suite d'entiers définie par $t_0 = 1$ et $t_{k+1} = k\, t_k + 1$, $k \geq 0$. Soit Λ_a l'ensemble de toutes les sommes $\sum_{k \geq a} \epsilon_k t_k$ où $\epsilon_k = 0$ ou 1. Alors pour tout $a \geq 1$, Λ_a est dense dans le compactifié de Bohr de Z tandis que la densité harmonique de Λ_a tend vers 0 quand a tend vers $+\infty$ ([4], p. 240).

REFERENCES

[1] A. BEURLING et P. MALLIAVIN, On the closure of characters..., Acta Math., 118 (1967) 79-93.

[2] J.P. KAHANE, Séries de Fourier absolument convergentes, Berlin, Springer-Verlag, 1970.

[3] Y. MEYER, Adèles et séries trigonométriques spéciales. A paraître aux "Annals of Mathematics".

[4] Y. MEYER, Algebraic Numbers and Harmonic Analysis, North-Holland (1972).

FACTORISATION DES FONCTIONS HOLOMORPHES BORNEES

W. RUDIN

Soit Ω un ouvert dans $\mathbb{C}^n$, $B = B(\Omega)$ l'ensemble des fonctions f, holom phes dans Ω, telles que $|f(z)| \leq 1$ pour chaque $z \in \Omega$.

Définition : $f \in B(\Omega)$ est irréductible si l'hypothèse

$$f = gh, \; g \in B \; , \; h \in B.$$

entraîne $g = $ const. ou $h = $ const.

(Dans le cas $n = 1$, $\Omega = $ disque unité, les fonctions irréductibles sont exactement les facteurs de Blaschke.)

Théorème. Si $f \in B$, alors $f = h \prod_i g_i$, où $h \in B$, $g_i \in B$, h est sans z et chaque g_i est irréductible.

(L'ensemble des facteurs g_i est dénombrable, fini, ou vide.)

Remarque. Si $\Omega = U^n$, le polydisque unité dans $\mathbb{C}^n$, et si f est intéri alors les facteurs h et g_i sont intérieures. Si f est une bonne fonctio intérieure, la même chose est vraie pour h et g_i. La propriété d'être "bon signifie que la plus petite majorante n-harmonique de $\log|f|$ coïncide avec la constante 0.

Corollaire. Il existe des fonctions intérieures irréductibles qui ne son pas bonnes (dans U^n, $n > 1$).

En général, la factorisation donnée par le théorème n'est pas unique, mê si $\Omega = U^2$ et f est intérieure :

Exemple 1. Dans U^2 il existe 4 fonctions distinctes g_i, intérieures e irréductibles, telles que $g_1 g_2 = g_3 g_4$.

Exemple 2. Dans U^2 il existe 4 fonctions intérieures, g_1, g_2, h_1, h_2, g_i irréductibles, h_i sans zéros, telles que

$$g_1 h_1 = g_2 h_2$$

mais $g_1/g_2 \neq$ const.

Exemple 3. Soit k un entier positif. Dans U^2 il existe

(a) k fonctions irréductibles, intérieures, $g_1, \ldots, g_k$,

(b) une fonction g, intérieure, irréductible, et rationnelle,

(c) une fonction h, intérieure, sans zéros, telles que

$$g\,h = g_1 \ldots g_k .$$

Ces résultats ont été obtenus en collaboration avec P.R. Ahern.

Les détails se trouvent dans Duke Math. J., vol. 39 (1972), pp. 767-777.

Please turn over